高等职业教育集成电路类专业新形态教材

系统应用与芯片验证

主　编　史　萍　董福香
副主编　黄交宏　朱玉琨
参　编　陆亚青　王宇星

机械工业出版社
CHINA MACHINE PRESS

本书以 Xilinx Artix-7 FPGA 为例,通过典型项目案例讲解 Verilog HDL 编程与芯片验证技术,采用"项目引领、任务驱动"的编写模式,注重理论知识与实践应用的结合,内容精选实用案例,兼顾基础与创新,符合高职教育的培养目标。

全书共 9 个项目,内容包括 FPGA 设计入门、多人表决器的设计与验证、花样流水灯的设计与验证、倒计时定时器的设计与验证、多位数码管动态扫描电路的设计与验证、矩阵式键盘接口电路的设计与验证、数字钟的设计与验证、串行通信接口设计实现和 HDMI 显示设计实现。本书采用先易后难、由简单到综合的次序安排内容,遵循"由浅入深,循序渐进"的学习规律,力求做到通俗易懂,激发读者学习的主观能动性。

本书可作为高等职业学校集成电路类、电子信息类等相关专业"系统应用与芯片验证"课程的教材,也可作为工程技术人员的参考用书。

本书配有微课视频,扫描二维码即可观看。另外,本书配有电子课件等资源,需要的教师可登录机械工业出版社教育服务网(www.cmpedu.com)免费注册,审核通过后下载,或联系编辑索取(微信:13261377872,电话:010-88379739)。

图书在版编目(CIP)数据

系统应用与芯片验证 / 史萍,董福香主编. -- 北京:机械工业出版社,2025.10. --(高等职业教育集成电路类专业新形态教材). -- ISBN 978-7-111-79062-4

Ⅰ. TP312;TN43

中国国家版本馆 CIP 数据核字第 2025TP3493 号

机械工业出版社(北京市百万庄大街 22 号　邮政编码 100037)
策划编辑:和庆娣　　　　　　　　责任编辑:和庆娣
责任校对:刘　雪　杨　霞　景　飞　责任印制:邓　博
河北鹏盛贤印刷有限公司印刷
2025 年 10 月第 1 版第 1 次印刷
184mm×260mm・14.5 印张・354 千字
标准书号:ISBN 978-7-111-79062-4
定价:59.00 元

电话服务　　　　　　　　　　网络服务
客服电话:010-88361066　　　机　工　官　网:www.cmpbook.com
　　　　　010-88379833　　　机　工　官　博:weibo.com/cmp1952
　　　　　010-68326294　　　金　书　网:www.golden-book.com
封底无防伪标均为盗版　　　　机工教育服务网:www.cmpedu.com

Preface 前言

党的二十大报告指出:"推动战略性新兴产业融合集群发展,构建新一代信息技术、人工智能、生物技术、新能源、新材料、高端装备、绿色环保等一批新的增长引擎。"

在此时代背景下,FPGA 作为专用集成电路领域的半定制电路,以其集成度高、逻辑功能强和灵活性好等优势脱颖而出,成为数字电路与系统设计的核心元器件,广泛应用于通信、航空航天、视频处理等关键领域。"系统应用与芯片验证"也已成为集成电路与电子信息类专业的核心必修课程,对培养学生的应用设计、集成电路开发及芯片验证能力至关重要。

本书特色

(1)经典前沿融合,把握技术脉搏

本书博采国内外优秀教材之长,融合作者多年教学实践经验,以"夯实基础、精选内容、注重应用"为宗旨,既系统阐述基于逻辑门和触发器的传统设计方法,又深入讲解基于硬件描述语言、仿真综合工具的现代数字系统设计技术,精准呈现 FPGA 技术发展的主流趋势。同时,在保障基础知识体系完整性的前提下,简化芯片内部复杂电路分析,聚焦元器件逻辑功能与实际应用场景。

(2)循序渐进教学,提升实践能力

本书在内容编排上严格遵循"由浅入深、循序渐进"的原则,从易到难、从简单到综合逐步展开。先介绍 FPGA 资源、Xilinx Vivado 软件使用及 Verilog HDL 程序结构等基础知识;再深入讲解组合与基本时序电路设计验证;随后探讨矩阵式键盘接口电路设计;最后深入讲解数字钟、串行通信、HDMI 显示等复杂时序电路设计。核心项目均配备贴近实际的案例,有效激发学习兴趣,全方位提升学生的系统应用能力。

(3)强化实践教学,深化知识理解

各项目通过典型案例解析重点和难点,并在项目后精心设置习题。学生可借助 Vivado 软件对案例进行编译仿真,在实践中主动思考、解决问题,真正实现"做中学",推动理论知识与工程实践的深度融合,积累宝贵的实践经验。

(4)构建知识网络,赋能混合式教学

每个项目均设置了思维导图和项目评价,清晰梳理知识脉络,方便读者归纳总结。同时,本书配套丰富的教学资源,涵盖微课视频、教学课件、习题答案、测试题库等,为教师开展高质量混合式教学提供有力支持。

教学建议

作为教材，本书适合安排 48~64 学时，教师可根据院校的实际需求组织教学，灵活选用相关内容。

本书由无锡科技职业学院史萍、董福香担任主编；无锡城市职业技术学院黄交宏、无锡科技职业学院朱玉琨担任副主编；无锡科技职业学院陆亚青、王宇星担任参编。其中，朱玉琨编写项目 1 和项目 2；陆亚青和王宇星编写项目 3，董福香编写项目 4 和项目 5；黄交宏编写项目 6，史萍编写项目 7~项目 9。全书由史萍统稿。本书在编写与出版过程中得到了依元素科技有限公司、芯驿电子科技（上海）有限公司以及众多领导、专家的热情鼓励和帮助，在此一并表示衷心的感谢。

由于编者水平有限，书中疏漏之处在所难免，恳请读者不吝指正！

编　者

二维码资源清单

序号	名称	二维码	页码	序号	名称	二维码	页码
1	1.4.1　Vivado 的基本设计流程		10	11	3.2.1　二进制加法计数器的设计与验证		68
2	1.4.2　Vivado Verilog 输入法设计		17	12	3.2.2　非二进制加法计数器的设计与验证		70
3	2.4.1　多输入门电路的设计与验证		45	13	项目 3　【项目实施】花样流水灯的设计实现		79
4	2.4.2　多输出门电路的设计与验证		47	14	4.1.1　二进制减法计数器的设计与验证		83
5	2.4.3　三态门电路的设计与验证		49	15	4.2.2　非二进制双向计数器的设计与验证		92
6	2.5.1　半加器的设计与验证		51	16	项目 4　【项目实施】倒计时定时器的设计与验证		98
7	2.5.2　全加器的设计与验证		52	17	5.1.1　二进制数据选择器的设计与验证		104
8	2.5.3　多位加法器的设计与验证		54	18	5.2.1　译码器的设计与验证		107
9	项目 2　【项目实施】多人表决器的设计与验证		56	19	5.4.1　二进制分频器的设计与验证		120
10	3.1.2　带清零功能 D 触发器的设计与验证		63	20	项目 5　【项目实施】多位数码管动态扫描电路的设计与验证		124

（续）

序号	名称	二维码	页码	序号	名称	二维码	页码
21	6.1.1 奇偶校验模块的设计与验证		130	26	项目 7 【项目实施】数字钟的设计与验证		159
22	6.1.2 序列检测器的设计与验证		133	27	任务 8.1 UART 通信接口设计实现		166
23	6.2.2 按键消抖电路的设计		147	28	任务 8.2 I^{2}C 接口设计实现		178
24	项目 6 【项目实施】矩阵式键盘接口电路的设计与验证		148	29	项目 8 【项目实施】串行通信接口设计实现		193
25	任务 7.1 蜂鸣器的设计实现		155	30	项目 9 【项目实施】HDMI 显示设计实现		204

目 录 Contents

前言

二维码资源清单

项目 1　FPGA 设计入门 …………………………… 1

【思维导图】 ………………………… 1
任务 1.1　认识 EDA 技术的发展历史 … 2
　1.1.1　EDA 技术的概念 …………… 2
　1.1.2　EDA 技术的应用 …………… 2
　1.1.3　EDA 技术发展趋势 ………… 3
任务 1.2　认识 FPGA 公司 ……………… 4
　1.2.1　国外 FPGA 公司介绍 ……… 4
　1.2.2　国内 FPGA 公司介绍 ……… 5
任务 1.3　认识 Xilinx 7 Series FPGA 的资源 ………………………… 6
　1.3.1　逻辑资源配置 ……………… 8
　1.3.2　输入/输出口资源 …………… 8
　1.3.3　存储器与 DSP48 资源 ……… 9
任务 1.4　Xilinx Vivado 软件的使用 ……………………………… 10
　1.4.1　Vivado 的基本设计流程 …… 10
　1.4.2　Vivado Verilog 输入法设计 … 17
　1.4.3　Vivado IP 集成器设计环境 … 31
【项目评价】 ……………………………… 32
习题 ………………………………………… 32

项目 2　多人表决器的设计与验证 ……………… 33

【思维导图】 ……………………… 33
任务 2.1　描述 Verilog HDL 数据 …… 34
　2.1.1　常量及其表示 ……………… 34
　2.1.2　变量及其表示 ……………… 36
任务 2.2　操作 Verilog HDL 数据 …… 38
　2.2.1　常用运算符 ………………… 38
　2.2.2　实用位运算符 ……………… 40
任务 2.3　创建 Verilog HDL 程序 …… 41
　2.3.1　Verilog HDL 程序的基本结构 … 41
　2.3.2　Verilog 模型创建 …………… 43
任务 2.4　门电路的设计与验证 ……… 45
　2.4.1　多输入门电路的设计与验证 … 45
　2.4.2　多输出门电路的设计与验证 … 47
　2.4.3　三态门电路的设计与验证 … 49
任务 2.5　加法器的设计与验证 ……… 51
　2.5.1　半加器的设计与验证 ……… 51
　2.5.2　全加器的设计与验证 ……… 52
　2.5.3　多位加法器的设计与验证 … 54
【项目实施】　多人表决器的设计与验证 ………………………… 56
【项目评价】 ……………………………… 58
习题 ………………………………………… 59

项目3 花样流水灯的设计与验证 …………… 60

【思维导图】……………………………… 60
任务 3.1　D 触发器的设计与验证 …… 61
　3.1.1　基本 D 触发器的设计与验证 ……… 61
　3.1.2　带清零功能 D 触发器的设计与验证 … 63
　3.1.3　带置位和清零功能 D 触发器的设计与
　　　　验证 ………………………………… 66
任务 3.2　加法计数器的设计与验证 …… 68
　3.2.1　二进制加法计数器的设计与验证 …… 68
　3.2.2　非二进制加法计数器的设计与验证 …… 70
　3.2.3　多功能加法计数器的设计与验证 …… 72
任务 3.3　LED 灯亮灭的设计与
　　　　　验证 …………………………… 75
　3.3.1　一个 LED 灯亮灭的设计与验证 …… 75
　3.3.2　两个 LED 灯亮灭的设计与验证 …… 77
【项目实施】 花样流水灯的设计与
　　　　　　验证 ………………………… 79
【项目评价】……………………………… 81
习题 ……………………………………… 82

项目4 倒计时定时器的设计与验证 …………… 83

【思维导图】……………………………… 83
任务 4.1　减法计数器的设计与验证 …… 83
　4.1.1　二进制减法计数器的设计与验证 …… 83
　4.1.2　非二进制减法计数器的设计与验证 …… 85
　4.1.3　多功能减法计数器的设计与验证 …… 88
任务 4.2　双向计数器的设计与验证 …… 90
　4.2.1　二进制双向计数器的设计与验证 …… 90
　4.2.2　非二进制双向计数器的设计与验证 …… 92
　4.2.3　多功能双向计数器的设计与验证 …… 95
【项目实施】 倒计时定时器的设计与
　　　　　　验证 ………………………… 98
【项目评价】……………………………… 102
习题 ……………………………………… 102

项目5 多位数码管动态扫描电路的设计与验证 ‥ 103

【思维导图】……………………………… 103
任务 5.1　数据选择器的设计与
　　　　　验证 …………………………… 104
　5.1.1　二进制数据选择器的设计与验证 …… 104
　5.1.2　非二进制数据选择器的设计与验证 … 106
任务 5.2　译码器和编码器的设计与
　　　　　验证 …………………………… 107
　5.2.1　译码器的设计与验证 ………………… 107
　5.2.2　编码器的设计与验证 ………………… 110
任务 5.3　一位数码管显示的设计与
　　　　　验证 …………………………… 112
　5.3.1　一位数码管静态显示的设计与验证 … 112
　5.3.2　一位数码管动态显示的设计与验证 … 114
　5.3.3　八段 LED 数码管的设计与验证 …… 118
任务 5.4　分频器的设计与验证 ………… 120
　5.4.1　二进制分频器的设计与验证 ………… 120

5.4.2 非二进制分频器的设计与验证 …… 122	【项目评价】 …… 127
【项目实施】 多位数码管动态扫描电路的设计与验证 …… 124	习题 …… 127

项目 6 矩阵式键盘接口电路的设计与验证 …… 129

【思维导图】 …… 129	6.2.1 按键消抖电路原理 …… 146
任务 6.1 有限状态机的设计与验证 …… 129	6.2.2 按键消抖电路的设计 …… 147
6.1.1 奇偶校验模块的设计与验证 …… 130	6.2.3 按键消抖电路的验证 …… 147
6.1.2 序列检测器的设计与验证 …… 133	【项目实施】 矩阵式键盘接口电路的
6.1.3 交通信号灯的设计与验证 …… 137	设计与验证 …… 148
任务 6.2 按键消抖电路的设计与验证 …… 146	【项目评价】 …… 153
	习题 …… 154

项目 7 数字钟的设计与验证 …… 155

【思维导图】 …… 155	【项目实施】 数字钟的设计与验证 …… 159
任务 7.1 蜂鸣器的设计实现 …… 155	【项目评价】 …… 164
任务 7.2 多路复用显示的设计与验证 …… 156	习题 …… 164

项目 8 串行通信接口设计实现 …… 166

【思维导图】 …… 166	【项目实施】 串行通信接口设计实现 …… 193
任务 8.1 UART 通信接口设计实现 …… 166	【项目评价】 …… 198
任务 8.2 I²C 接口设计实现 …… 178	习题 …… 198

项目 9 HDMI 显示设计实现 …… 200

【思维导图】 …… 200	9.1.1 HDMI 分类 …… 200
任务 9.1 认识 HDMI …… 200	9.1.2 HDMI 引脚 …… 201

任务 9.2　并变串设计与验证 ………… 202
【项目实施】 HDMI 显示设计
　　　　实现 …………………… 204
【项目评价】 …………………………… 216
习题 …………………………………… 216

附录　Verilog 运算符优先级列表 ………… 218

参考文献 …………………………………… 219

项目 1　FPGA 设计入门

本项目采用分层递进的知识架构，系统性培养学生对 EDA 技术、FPGA 硬件平台及开发工具链的全局认知能力。学生将在 Vivado 开发环境中，从 EDA 技术的发展脉络出发，对比分析 Xilinx、Intel 以及国产 FPGA 厂商的核心技术差异，并深入探索 7 系列 FPGA 的逻辑资源、存储单元和 DSP 模块的硬件特性，最终成功构建首个包含 IP 核集成的 FPGA 工程项目。项目涵盖技术演进分析、硬件资源配置、Vivado 全流程设计（从 Verilog 输入到比特流生成），强化"技术认知→工具实践→工程落地"的闭环思维，为后续数字系统开发奠定硬件与工具基础。

知识目标	技能目标	素养目标
◇ 熟悉 FPGA 基础知识 ◇ 掌握 FPGA 产业链主流厂商的技术布局和核心产品 ◇ 了解 Xilinx 7 Series FPGA 逻辑资源 ◇ 了解 Xilinx 7 Series FPGA 输入/输出口资源 ◇ 了解 Xilinx 7 Series FPGA 存储器与 DSP48 资源	◇ 能使用 Xilinx Vivado 开发工具 ◇ 能编写二选一数据选择器源程序 ◇ 能编写二选一数据选择器测试程序	◇ 具备 EDA 技术认知与理解能力 ◇ 具备 FPGA 行业与市场洞察力 ◇ 具备 FPGA 开发工具应用与实践能力 ◇ 具备 FPGA 工程思维与问题解决能力 ◇ 具备跨学科融合能力

【思维导图】

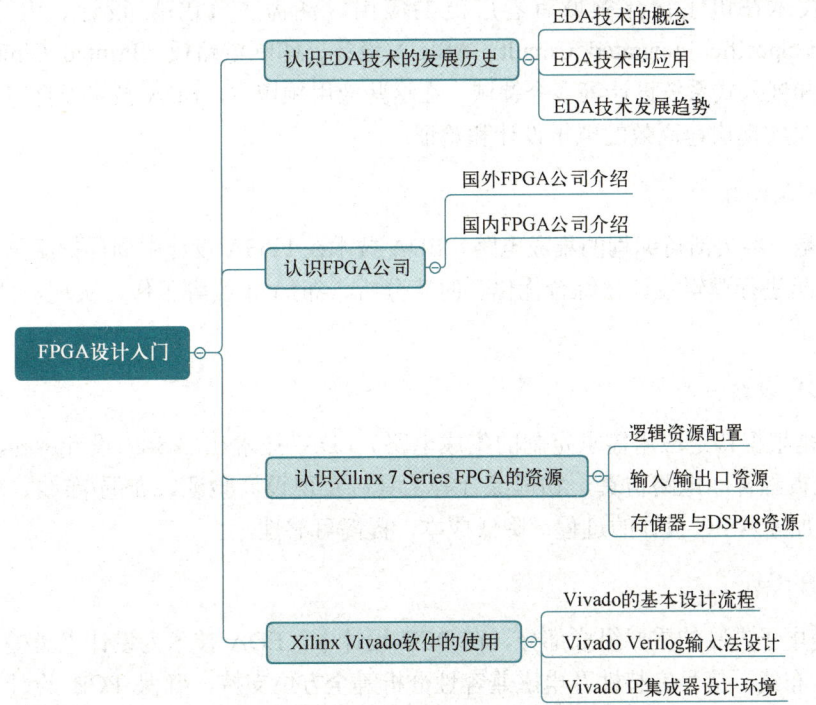

任务 1.1　认识 EDA 技术的发展历史

1.1.1　EDA 技术的概念

电子设计自动化（Electronic Design Automation, EDA）是指利用计算机辅助工具进行集成电路设计的一系列技术和软件工具的统称。EDA 技术起源于 20 世纪 70 年代，经过数十年的发展，逐步形成了完善的体系架构和核心算法。在 EDA 技术的发展历程中，不断涌现出各种新的软件工具和算法，推动着电子设计领域的进步。

EDA 技术覆盖了从电路设计、仿真、验证到制造的数据流全过程，是现代集成电路设计的基石。它涵盖了从逻辑设计到最终版图的各个阶段，包括电路原理图的绘制、逻辑电路的综合、电路仿真、布局/布线、时序分析、设计规则检查等环节。EDA 技术的应用，大幅提高了电子设计的效率与精度，缩短了产品的研发周期，降低了产品的研发成本，推动了电子信息产业的发展。EDA 技术在电子设计中起着举足轻重的作用，它不仅协助设计人员完成诸如逻辑综合、电路仿真、物理综合等复杂的工作，还提高了电路设计的准确性和可靠性，加快了设计的速度，降低了设计的成本，从而显著提升了电子产品的研发水平和竞争力。

1.1.2　EDA 技术的应用

EDA 技术在电子设计领域有着广泛的应用，涵盖了 FPGA 设计、专用集成电路（Application-Specific Integrated Circuit，ASIC）设计、印制电路板（Printed Circuit Board，PCB）设计和嵌入式系统设计等多个领域。在这些应用领域中，EDA 技术发挥着重要作用，帮助设计人员实现快速高效的电子设计和验证。

1. FPGA 设计

FPGA 是一种灵活可编程的集成电路。EDA 技术在 FPGA 设计中同样扮演重要角色，可帮助设计人员进行逻辑设计、综合优化、时序分析、布局/布线等工作，实现对 FPGA 的快速开发和验证。

2. ASIC 设计

ASIC 是根据特定应用需求定制的集成电路。EDA 技术在 ASIC 设计中扮演着核心角色，通过逻辑综合、电路仿真、物理综合等工具，实现设计验证、布局/布线、时序分析等功能，从而加速 ASIC 设计的过程，降低成本，提高可靠性。

3. PCB 设计

PCB 是电子产品的重要组成部分。在 PCB 设计中，EDA 技术为设计人员提供了原理图设计、布局/布线、信号完整性及电磁兼容性分析等全方位支持，确保 PCB 设计具备卓越的性能稳定性和可靠性。

4．嵌入式系统设计

嵌入式系统设计涉及软件和硬件的紧密结合，而 EDA 技术在嵌入式系统设计中发挥着协同作用。利用 EDA 工具，设计人员可以进行硬件描述语言（如 Verilog、VHDL）编写、逻辑综合、固件开发等工作，实现嵌入式系统的高效设计与开发。

（1）EDA 技术工具

EDA 技术工具是电子设计过程中必不可少的利器，它们的功能涵盖了从逻辑设计到物理实现的整个电子设计流程。在 EDA 领域，根据其功能和应用范围的不同，工具可以分为不同的类型，具体如下。

1）逻辑设计工具：如 Vivado、Quartus Prime 等，用于逻辑电路的设计与优化。

2）电路仿真工具：如 ModelSim、HSPICE 等，用于对电路进行仿真验证。

3）物理设计工具：如 Innovus、Encounter 等，用于将逻辑电路映射到实际的物理布局上。

4）PCB 设计工具：如 Altium Designer、OrCAD 等，用于印制电路板设计与布局。

（2）Vivado 简介

Vivado 是由赛灵思（Xilinx，现为 AMD 旗下）开发的一款集成了综合、仿真、实现、调试和硬件协同仿真等全流程功能的 FPGA/SoC 设计套件，专为现代高性能可编程逻辑器件（如 Artix、Kintex、Virtex 系列 FPGA 及 Zynq SoC）的复杂开发需求而优化。

Vivado 的核心功能包括基于项目或脚本的设计管理，支持 VHDL/Verilog/SystemVerilog 等硬件描述语言，并集成高层次综合（HLS）工具，允许用户直接使用 C/C++/SystemC 进行算法级设计转换；智能化的综合引擎（XST 或 Vivado Synthesis）可优化逻辑资源与时序，而布局/布线工具（Place/Route）结合时序分析（Timing Analysis）确保设计满足关键路径约束。

Vivado 提供强大的 IP 集成器（IP Integrator），通过图形化界面快速组装预验证的 IP 核（如处理器、接口协议等），搭配 AXI4 等总线标准加速系统级设计。仿真验证环节支持混合语言仿真（Vivado Simulator），并与 ModelSim/Quartus 等第三方工具无缝衔接，调试阶段则依赖硬件逻辑分析仪（ILA/VIO）实时捕获信号，辅以 TCL 脚本自动化实现设计迭代。此外，其功耗分析（Power Analysis）、部分重配置（Partial Reconfiguration）及安全功能（如比特流加密）能满足高端应用需求，同时支持云部署和团队协作，形成从 RTL 到比特流生成的全闭环开发环境。

1.1.3　EDA 技术发展趋势

随着集成电路设计复杂性的增加和新技术（如人工智能、量子计算）的融入，EDA 技术作为电子设计领域不可或缺的工具，其市场规模持续扩大，未来的发展趋势备受业界关注。

1．人工智能技术

人工智能技术的飞速发展，使其在 EDA 领域的应用越发广泛。机器学习、深度学习等技术已被广泛应用于电路设计的各个环节，涵盖逻辑综合、布局/布线优化、功耗分析等。利用人工智能技术，EDA 工具可以更好地优化设计，提升设计效率，同时也能够针对大规模复杂电路进行更精准的分析与优化。

2. 量子计算技术

随着量子计算技术的不断突破，人们开始关注量子计算对 EDA 技术的影响。量子计算的特性将对传统的算法、模拟工具、优化方法提出新的挑战并带来新的机遇。因此，在量子计算的背景下，EDA 技术必须不断创新与突破，以满足未来量子计算领域的发展需求。

3. 物联网与 5G 技术

随着物联网和 5G 技术的快速发展，对低功耗、高性能、高集成度的芯片设计提出了更高的要求，EDA 技术也在这一背景下迎来新的发展机遇。在物联网和 5G 时代，EDA 技术将更加注重对芯片设计的低功耗优化、射频/模拟电路设计、可靠性分析等方面的支持，以满足新时代对电子设计的需求。

随着人工智能技术的不断成熟，量子计算的应用以及物联网、5G 时代的到来，EDA 技术也将面临新的挑战和机遇。我们期待 EDA 技术能够继续发展，更好地应对复杂电子设计的需求，推动整个电子行业向着智能化、高效化的方向不断发展。

任务 1.2　认识 FPGA 公司

1.2.1　国外 FPGA 公司介绍

在 FPGA 的技术与市场份额上，Xilinx（赛灵思）和 Altera（阿尔特拉）两家公司居于领先地位。这两家公司共占了 90%左右的市场份额，申请专利超过 6000 项。

1. Xilinx 公司

Xilinx 公司是全球领先的可编程逻辑完整解决方案的供应商。Xilinx 公司于 1984 年成立，首创 FPGA 技术。世界上第一款 FPGA 产品 XC2064 是由美国 Xilinx 公司于 1985 年推出的，其逻辑门数量不超过 1000 个。经过多年的发展，这块不起眼的可编程逻辑器件已从电子设计的外围器件逐步演变为数字系统的设计核心。目前，Xilinx 公司满足了全球超过一半的 FPGA 产品需求。

Xilinx FPGA 主要分为两大类：一类侧重于低成本应用，容量中等，性能可以满足一般的逻辑设计要求，如 Spartan 系列；另一类侧重于高性能应用，容量大，性能可以满足各类高端应用，如 Virtex 系列，用户可以根据自己的实际应用要求进行选择。在性能可以满足的情况下，优先选择低成本器件。

ISE 和 Vivado 是使用 Xilinx 公司的 FPGA 必备的设计工具。它们涵盖了 FPGA 开发的全部流程：设计输入、仿真、综合、布局/布线、BIT 文件生成、配置及在线调试，功能极为强大。该设计工具除了功能完整、使用方便外，设计性能也非常好，其设计性能比其他解决方案平均快 30%，可以提供最佳的时钟布局、更好的封装和时序收敛映射，从而拥有更高的设计性能。

2. Altera 公司

Altera 公司成立于 1983 年，是一家专门设计、生产、销售高性能、高密度可编程逻辑器件（Programmable Logic Device，PLD）及相应开发工具的公司。Altera 公司是全球可编程系统级芯片（System on Programmable Chip，SoPC）解决方案的领先者。1984 年，Altera 公司推出 EP300 系列，它是世界上第一个可擦除 PLD 系列。Altera 公司成为世界上第一个 PLD 供应商，同时成功开发了第一个基于 PC 的开发系统。

Altera FPGA 分为两大类：一类侧重于低成本应用，容量中等，性能可以满足一般的逻辑设计要求，如 Cyclone、Cyclone Ⅱ；另一类侧重于高性能应用，容量大，性能可以满足各类高端应用，如 Stratix、Stratix Ⅱ等，用户可以根据自己的实际应用要求进行选择。

Quartus Ⅱ是 Altera 公司发布的综合性 PLD/FPGA 开发软件，支持原理图、VHDL、Verilog HDL 以及 AHDL 等多种设计输入方式，并内嵌了综合器及仿真器，能够实现从设计输入到硬件配置的完整 PLD 设计流程。

1.2.2 国内 FPGA 公司介绍

从 20 世纪 90 年代起，中国学术界开始探索 FPGA 技术，复旦大学、中国科学院发挥了重要作用。进入 2010 年后，安路科技、西安智多晶、紫光同创、广东高云半导体等我国知名 FPGA 企业相继成立。在探索 FPGA 的历程中，我国逐步从反向设计阶段走向正向设计阶段，国内对 FPGA 的应用需求也在增长。

FPGA 是一个技术壁垒高的行业，硬件结构复杂且良率低，软硬件的协同进一步提升了研发难度。FPGA 企业的硬件开发属于典型的集成电路设计范畴，与一般集成电路设计企业不同的是，由于 FPGA 硬件需要配套 EDA 软件一起使用，FPGA 公司通常需要自行研发适配自家硬件的 EDA 软件，因此某种程度上也扮演着 EDA 公司的角色。综上所述，FPGA 版图与布线之复杂，硬件设计之艰巨，加之软硬件协同开发以及系统工程所面临的难度进一步升级，构成了该领域的主要难题。

尽管国产 FPGA 还处于起步阶段，其营收规模和硬件性能指标目前还无法与 Xilinx 和 Altera 等国际领先公司相提并论。然而，国内众多 FPGA 厂商中亦不乏佼佼者，它们正作为中国追赶国际大厂步伐的主力军，承载着国家的期望与未来的发展愿景！

紫光同创、安路科技和高云半导体曾被媒体称为"国内 FPGA 三驾马车"。

（1）紫光同创公司

紫光同创公司成立于 2013 年，产品布局覆盖高、中、低端 FPGA。早在 2015 年，紫光同创就成功推出国内第一款实现千万门级规模的全自主知识产权高性能 FPGA 芯片 Titan 系列，采用 40nm 工艺，可编程逻辑资源最高达 18 万个，已广泛应用于通信、信息安全等领域。

Titan 系列高端 FPGA 产品 PGT180H 已向国内多家领先通信设备厂商批量供货。2025 年 3 月，紫光同创推出 Logos-2 系列高性价比 FPGA，采用 28nm CMOS 工艺，相较上一代

40nm Logos 系列 FPGA，其性能提升 50%，总功耗降低 40%，可满足工业自动化、物联网、视频图像处理等应用需求。紫光同创具备大规模 FPGA 全流程开发设计能力，产品市场覆盖航空航天、通信网络、信息安全、AI、数据中心、工业物联网等领域。

（2）安路科技公司

安路科技公司成立于 2011 年，量产及在研产品覆盖高中低端，面向数据中心、AI、通信、工业控制、视频监控等领域。此前，安路科技已成功将其量产的中等性能 FPGA 芯片打入 LED 显示屏控制卡及高清电视 TCON 控制卡市场。安路科技的 FPGA 技术已从 55nm/40nm 跃升至主流的 28nm 工艺平台，不仅在器件性能和容量上实现了显著提升，也对 FPGA 编译软件和 IP 提出了更高要求，2020 年已实现批量供应 28nm 元器件。

（3）高云半导体公司

广东高云半导体公司的产品已经渗透十多个行业，在通信、工控、消费等领域得到应用。自 2014 年创立以来，高云半导体始终坚守正向设计理念，相继推出了晨熙、小蜜蜂两大系列 FPGA 产品，共计 4 个系列、11 个型号，以及 50 余种封装的芯片，并配备了自主知识产权的 EDA 开发软件，持续进行优化升级。

2015 年，该公司量产出国内第一块产业化的 55nm 工艺 400 万门的中密度 FPGA 芯片，并开放开发软件下载；2016 年又顺利推出国内首颗 55nm 工艺嵌入式 Flash SRAM 的非易失性 FPGA 芯片；2018 年，高云半导体宣布研发成功国内首款 28nm 中高密度 FPGA 芯片 GW3AT-100。2019 年，该公司迈出向新兴运算平台拓展的重要一步，成功实现了异构 SoC FPGA 的产品化，并推出了多款支持 Arm 及 RISC-V 软/硬核的 FPGA 产品，基于此，高云半导体进一步研发出了 GoAI 解决方案，性能较单独使用 Cortex-M 类微控制器提高了 78 倍以上。

任务1.3　认识 Xilinx 7 Series FPGA 的资源

2010 年 2 月，Xilinx 公司宣布采用高 K 金属栅（HKMG）高性能、低功耗工艺（HPL）生产下一代 28nm 的 FPGA，而新的元器件应用一个全新的、统一的高级硅模架构（Advanced Silicon Modular Block，ASMBL）架构。HKMG 和 Xilinx ASMBL 架构的结合，使 Xilinx 能够迅速打造具有更多功能组合的多个领域优化的平台。28nm 工艺和设计将功耗降低了 50%，统一的架构使得客户能够更加方便地在系列间移植设计，使其 IP 核投资获得更显著的回报。这些 FPGA 系列是 Xilinx 新一代领域优化和特定市场专用目标设计平台的基础。

Xilinx 7 系列 FPGA 包括四个子系列：Spartan-7、Artix-7、Kintex-7 和 Virtex-7，它们在功耗、性能和设计可移植性方面都取得了显著进展。

1. Xilinx 7 系列主要特点

1）Spartan-7 系列：价格低廉，供电电源低，I/O 性能高。提供低成本且尺寸小巧的封装，有助于最小化 PCB 占地面积。

2）Artix-7 系列：针对需要串行收发器以及高 DSP 和逻辑吞吐量的低功耗应用进行了优

化。为高吞吐量、成本敏感型应用提供最低的总物料成本。

3）Kintex-7 系列：针对最佳性价比进行了优化，与上一代产品相比提高了两倍，支持新一代的 FPGA。

4）Virtex-7 系列：针对最高系统性能和容量进行了优化，通过硅堆叠技术（SSI）实现最大的最高性能器件。

Xilinx 7 系列 FPGA 比较如表 1-1 所示。

表 1-1　Xilinx 7 系列 FPGA 比较

最优性能	Spartan-7	Artix-7	Kintex-7	Virtex-7
逻辑单元	102K	215K	478K	1955K
块 RAM	4.2MB	13MB	34MB	68MB
DSP 切片	160	740	1920	3600
DSP 性能	176GMAC/s	929GMAC/s	2845GMAC/s	5335GMAC/s
MicroBlaze 处理器	260DMI⊖/s	303DMI/s	438DMI/s	441DMI/s
收发器	-	16	32	96
串行带宽	-	211Gbit/s	800Gbit/s	2784Gbit/s
存储器接口	800Mbit/s	1066Mbit/s	1866Mbit/s	1866Mbit/s
I/O 引脚	400 个	500 个	500 个	1200 个
I/O 电压	1.2～3.3V	1.2～3.3V	1.2～3.3V	1.2～3.3V

⊖ DMI 表示该 CPU 运行基准测试时，每秒能执行多少百万条指令。其中：D 是 Dhrystone，代表 CPU 性能基准测试。MI 是 millions of instructions，代表百万次执行。

2. Xilinx 7 系列 FPGA 功能

1）采用先进的高性能 FPGA 逻辑，该逻辑基于可配置为分布式内存的六输入查找表（LUT）技术。

2）具备 36KB 双端口块 RAM，内置 FIFO 逻辑，以实现片上数据缓冲功能。

3）采用高性能 Select OTM 技术，可支持最高达 1866Mbit/s 的 DDR3 数据传输速率。

4）内置多千兆收发器，实现高速串行连接，速率最高可达 600Mbit/s。

5）针对 6.6～28.05Gbit/s 的速率，提供特殊的功耗模式，并对芯片间的接口进行优化。

6）用户可自定义模拟接口（XADC），内置 12 位、采样速率为 1MS/s 的片上热传感器及电源传感器模-数转换器。

7）配备带有 25×18 位乘法器、48 位累加器和前置加法器的 DSP 片，可实现高性能滤波，包括优化的对称系数滤波。

8）配备强大的时钟管理模块（CMT），结合锁相环（PLL）和混合模式时钟管理器（MMCM），确保高精度与低抖动性能。

9）利用 MicroBlaze 处理器，实现快速部署嵌入式处理器。

10）适用于 PCIe 的集成块，最多可支持×8 Gen3 端点和端口设计。

11）提供多种配置选项，包括支持商用存储器、带 HMAV/SHA-256（加密算法）身份验证的 256 位 AES 加密，内置 SEU 检测和纠正。

12）具备低成本、线耦合、裸芯倒片封装和高信号完整性倒片封装，可在同一个封装系列的产品之间轻松移植。

13）专为高性能和低功耗设计，具有 28nm、HKMG、HPL 工艺、1.0V 核心电压工艺技术和 0.9V 电压选项，可实现更低功耗。

1.3.1 逻辑资源配置

Xilinx FPGA 借助 SSI 技术，成功克服了构建高容量 FPGA 时遇到的多项挑战。SSI 技术实现了将多个超逻辑域（SLR）集成在无源插入器层上，结合了业界先进的制造和组装技术，从而制造出单个 FPGA 中超过 1 万个 SLR 内连接的设备。这种集成方式不仅提供了超低延迟和低功耗的超高带宽连接，还使得 Xilinx FPGA 能提供两倍于同类竞争产品的容量，超越摩尔定律的发展速度。与传统制造技术相比，SSI 技术能够生产更高性能的 FPGA，使有史以来最大容量和最高性能的 FPGA 能够更快地投产，同时风险也更小。数千条超长线路（SLL）以及跨越超逻辑域（SLR）的超高性能时钟线路，确保了设计能够无缝衔接于这些高密度可编程逻辑元器件之中。

CLB 架构的主要功能包括输入查找表、LUT 中的内存功能以及寄存器和移位寄存器功能。Xilinx 7 系列的 FPGA 中，LUT 既可以配置为一个输出的六输入 LUT（64 位 ROM），也可以配置为两个独立输出但地址或逻辑输入相同的五输入 LUT（32 位 ROM）。每片 8 个触发器中的四个（每个 LUT 一个）可以选择性地配置为锁存器。25%～50%的切片还可以将它们的 LUT 用作分布式 64 位 RAM 或者 32 位的寄存器（SRL32），或者两个 16 位的 SRL16。现代综合工具充分利用了这些高效的逻辑、算术和存储器功能。

1.3.2 输入/输出口资源

Xilinx 7 系列 FPGA 的输入/输出亮点在于其高性能状态选择技术，该技术支持高达 1866Mbit/s 的 DDR3 传输速率，封装内置高频去耦电容器，有效增强了信号的完整性，并具备数字控制阻抗功能，为实现低功耗和高速 I/O 操作提供了三种灵活的状态选择。

I/O 引脚的数量因型号和封装大小而异，每个 I/O 引脚都具备可配置性，并且兼容多种 I/O 标准。除了电源引脚和专用配置引脚外，封装内其余引脚都具有相同的 I/O 性能，仅受特定分组规则的约束。在 Xilinx 7 系列 FPGA 中，I/O 分为高范围（HR）和高性能（HP）两类。HR I/O 提供最大范围的电压支持，为 1.2～3.3V。HP I/O 则针对 1.2～1.8V 的高性能操作做了优化。Xilinx 7 系列 FPGA 中的 HR 和 HP I/O 引脚按组进行分组，每组有 50 个引脚。每组共用一个 V_CCO 输出电源，该电源同时还为部分输入缓冲器供电。部分单端输入缓冲器需要借助内部产生或外部施加的参考电压 V_REF。每组有两个 V_REF 引脚，且同一组中只能有一个 V_REF 电压值。

单端输出采用传统的 CMOS 推挽输出结构，能够将高电平驱动到 V_CCO，将低电平驱动到地，并具备高阻态功能。输入端始终处于活跃状态，但在输出端处于活跃状态时通常会被忽略。每个引脚都有可选的上拉电阻和下拉电阻。多数信号引脚对可以配置为差分输入对或输出对。差分输入引脚对可以选择使用100Ω的终端电阻。所有Xilinx 7系列FPGA均支持LVDS以外的差分标准：RSD、BLVD、差分SSTL和差分HSTL。每一个I/O端都支持内存I/O标准，例如单端和差分HSTL，以及单端和差分SSTL。对于DDR3接口应用，SSTL/IO标准最高可支持1866Mbit/s的数据传输速率。

1.3.3　存储器与DSP48资源

1．存储器

Xilinx 7系列FPGA块RAM的主要特点包括双端口36KB数据块RAM，端口宽度最高可达72位，以及可编程的FIFO逻辑和内置可选纠错电路。每个Xilinx 7系列FPGA都有5～1880个双端口数据块RAM，每个RAM存储容量为36KB。每个块RAM都有两个完全独立的端口，可以共享数据。

每次存储器访问（读或者写）都由时钟控制。所有输入、数据、地址、时钟使能和写入使能都被保存。时钟到来之前，所有的动作都是无效的。可选的输出数据流水线寄存器允许更高的时钟速率，但代价是引入额外的延迟周期。在执行写入操作时，数据输出可能反映之前存储的数据。新写入的数据则保持不变。每个端口可以配置32Kbit×1、16Kbit×2、8Kbit×4、4Kbit×8、2Kbit×16、1Kbit×32等。两个端口可以自由配置，不受限制地具有不同的长宽比。每个块RAM可以分为两个完全独立的18Kbit RAM，每个块RAM可以配置为16Kbit×1～512bit×36之间的任意长宽比。只有在简单双端口模式（SDP）下才能访问超过18位或36位的数据宽度。在该模式下，一个端口专用于读操作，另一个端口则用于写操作。

2．DSP的功能

DSP的功能包括25×18位二进制补码乘法器/累加器，具有高分辨率（48位）信号处理器，以及优化对称滤波器应用的结点前置加法器，此外，还支持一系列高级功能，如可选流水线操作、可选ALU和用于级联的专用总线。

在DSP应用中，使用了许多二进制补码乘法器和累加器，它们最适宜在专用DSP片中实现。所有Xilinx 7系列FPGA都有大量专用、全定制、低功耗的DSP芯片，在保持系统设计灵活性的同时，也兼顾了高速度和小型化。每个DSP芯片由一个专用的25×18位二进制补码乘法器和一个48位累加器构成，两者的巩固频率都可达741MHz。乘法器支持动态旁路，可将两个48位输入馈送至单指令多数据（SIMD）算术单元（可执行双24位加/减/累加或4个12位加/减/累加），或生成十个不同逻辑函数中的任何一个。DSP包括一个额外的前置加法器，通常用于对称滤波器，这种前置加法器提高了密集型封装设计的性能，并将DSP片的数量减少高达50%。DSP还包括一个48位宽的模式检测器，可用于收敛或对称输入。当与逻辑单元结合使用时，模式检测器还可以实现96位宽的逻辑功能。DSP切片提供广泛的流水线和扩展功能，可提高数字信号处理以外的许多应用的速率和效率，例如宽动态总线移位器、内存地址生成器、宽总线多路复用器和内存映射I/O寄存器。累加器还可以用作同步加减计数器。

任务 1.4　Xilinx Vivado 软件的使用

Xilinx 公司于 2012 年发布了新一代 Vivado 设计套件，打造了一个先进的设计实现流程，可以让用户更快地实现设计。Vivado 设计套件不仅包含传统的寄存器传输级（RTL）到比特流的 FPGA 设计流程，而且提供了系统级的设计流程，其中心思想是基于知识产权（Intellectual Property，IP）核的设计。

Xilinx Vivado 设计套件在架构与功能上实现了革命性突破，其核心优势主要体现在以下几个方面。

1）智能化设计引擎：内置高性能逻辑综合、布局布线算法，支持增量编译与并行处理，显著缩短大规模设计的编译时间，提升时序收敛效率。

2）IP 核驱动的模块化设计：通过 IP 集成器实现图形化 IP 核配置与互联，支持 AXI 总线协议、自定义 IP 封装及复用，大幅降低了系统级设计的复杂度。

3）跨层级验证能力：集成 Vivado 仿真器、硬件调试工具及第三方协同仿真接口，支持从 RTL 到板级的全流程验证，确保设计功能与硬件行为的一致性。

4）高层次综合支持：允许开发者使用 C/C++语言直接生成可综合的 RTL 代码，加速算法密集型应用的开发进程。

5）可扩展性与开放性：凭借脚本的自动化流程及丰富的 API 接口，用户能够自定义设计流程，从而满足从原型验证直至量产部署的全方位需求。

Vivado 的上述特性使其不仅成为应对现代 FPGA 高密度、高复杂度设计的核心工具，更推动了从"硬件描述"到"系统创新"的设计范式转型，为异构计算、高速通信等前沿领域提供了坚实基础。

1.4.1　Vivado 的基本设计流程

1. Vivado 安装

1.4.1 Vivado 的基本设计流程

进入 Xilinx 中国官方网站（网址是http://china.xilinx.com），单击网站主页中的"技术支持"选项，选择"下载和许可"，即可找到 Vivado 软件进行下载。本书例程基于 Vivado 2019.1 版本。Xilinx 的官方网站上不仅提供软件下载服务，还提供了软件说明、硬件更新、参考设计、常见问题及解决方法、视频教程等学习资料。根据 Xilinx 官方网站发布的 Vivado 支持的操作系统，为了确保软件的正常运行，推荐使用 64 位操作系统，并确保计算机的内存大于 32GB，硬盘空间大于 100GB。

2. Vivado 的界面

Vivado 设计套件包含 Vivado 2019.1 主界面和 Vivado 设计主界面两部分。启动 Vivado 设计套件后，进入 Vivado 2019.1 主界面，如图 1-1 所示，该界面中的所有功能图标按组分类。

项目 1 FPGA 设计入门

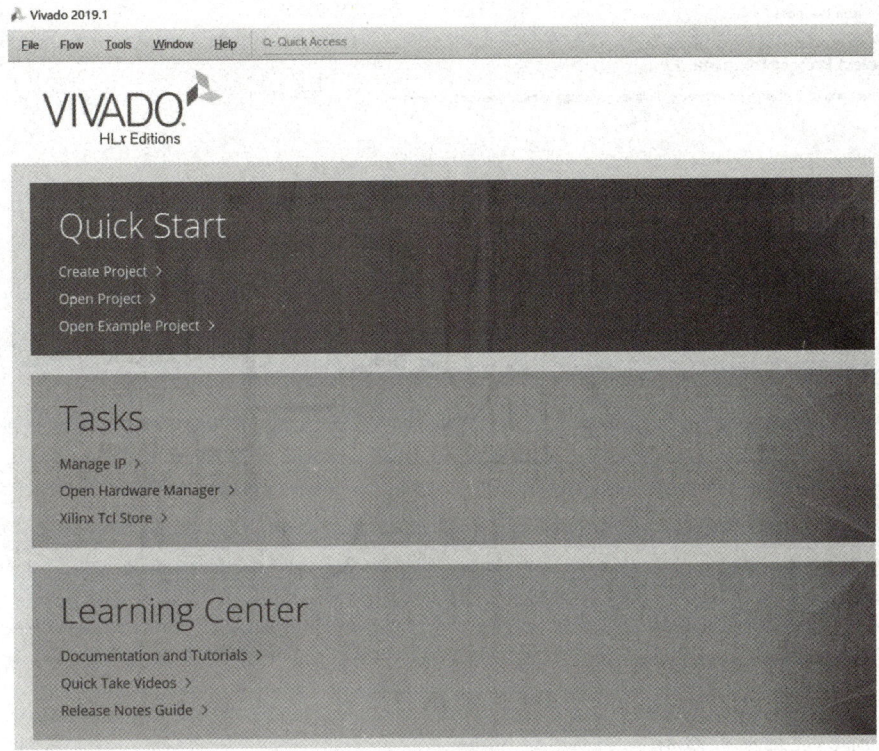

图 1-1 Vivado 2019.1 主界面

（1）Quick Start（快速开始）分组

1）Create Project（创建工程）。该选项用于启动新设计工程的向导，指导用户创建不同类型的工程。

2）Open Project（打开工程）。此选项用于打开工程，支持 Vivado 工程文件（扩展名为.xpr）、PlanAhead 工具创建的工程文件（扩展名为.ppr）以及 ISE 设计套件创建的工程文件（扩展名为.xise）。

3）Open Example Project（打开示例工程）。该选项用于打开示例工程，界面如图 1-2 所示。单击"Next"按钮，出现图 1-3 所示界面，可在其中选择工程模板。

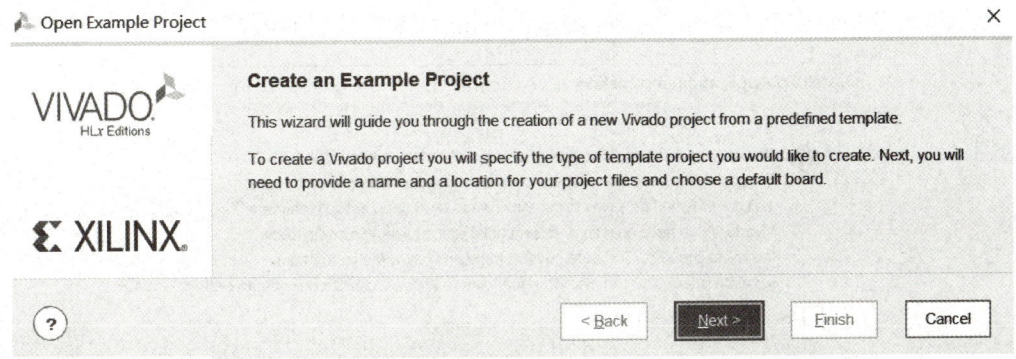

图 1-2 打开示例工程

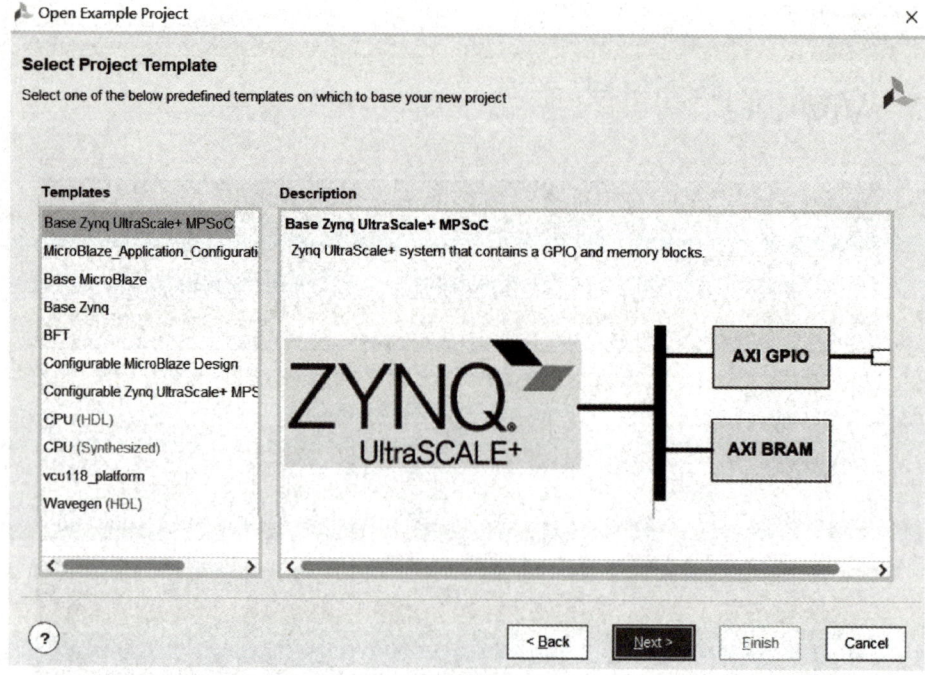

图 1-3　选择工程模板

（2）Tasks（任务）分组

1）Manage IP（管理 IP）。该选项用于管理 IP 核，用户可以创建或打开一个 IP 核，可以通过不同的工程和源代码管理系统访问 IP 核。

2）Open Hardware Manager（打开硬件管理器）。该选项用于打开硬件管理器，允许用户快捷地打开 Vivado 设计套件的下载界面，并可将设计编程下载到硬件中。通过该工具所提供的 Vivado 逻辑分析仪和 Vivado 串行 I/O 分析仪特性，用户可以对设计工程进行调试。

3）Xilinx Tcl Store（Xilinx Tcl 开源代码商店）。该选项用于打开 Xilinx Tcl 开源代码商店，在 Vivado 设计套件中进行 FPGA 的设计。商店内提供了来自多个不同来源的脚本和工具，用户可通过它解决各种问题，进而提升设计效率。用户可以安装 Tcl 脚本，也可以与其他用户分享自己的 Tcl 脚本。第一次选中该选项，会弹出如图 1-4 所示的对话框，提示用户即将从 Xilinx Tcl 商店安装第三方的 Tcl 脚本，单击"OK"按钮即可。

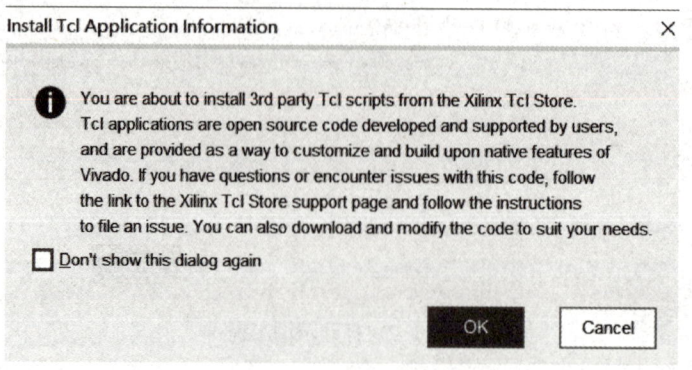

图 1-4　Vivado 提示安装第三方的 Tcl 脚本

（3）Learning Center（学习中心）分组

1）Documentation and Tutorials。该选项用于打开 Xilinx 的教程文档和支持设计数据文档。

2）Quick Take Videos。该选项用于快速打开 Xilinx 视频教程。

3）Release Notes Guide。该选项用于发布注释向导，例如打开 Vivado Design Suite Release Notes、Installation、Licensing Guide 等文档。

3. 常用若干功能界面

Vivado 常用功能界面包括流程向导、工程管理、工作区和运行设计模块。

打开一个 Vivado 工程后，位于 Vivado 设计主界面左侧的 Flow Navigator（流程向导）中给出了工程的主要处理流程，如图 1-5 所示，其中的各选项说明如表 1-2 所示。

4. 工程管理器窗口

PROJECT MANAGER（工程管理器）窗口如图 1-6 所示，图中显示了所有设计文件类型以及这些文件之间的关系。

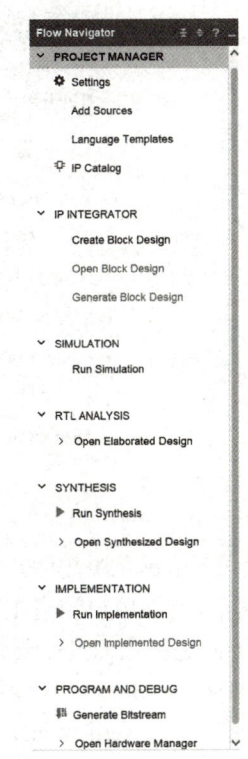

图 1-5 Vivado 的流程向导

表 1-2 流程向导中各选项说明

流程向导	选项	说明
PROJECT MANAGER（工程管理器）	Settings	工程设置，包括设计合成、设计仿真、设计实现以及与 IP 核有关的选项
	Add Sources	添加源文件，在工程中添加或创建源文件
	Language Templates	语言模板，显示语言模板窗
	IP Catalog	IP 核目录，浏览、自定义核生成 IP 核
IP INTEGRATOR（IP 核集成器）	Create Block Design	创建模块设计
	Open Block Design	打开模块设计
	Generate Block Design	生成模块设计，生成输出需要的仿真、综合设计
SIMULATION（仿真）	Run Simulation	运行仿真
RTL ANALYSIS（RTL 分析）	Open Elaborated Design	打开详细描述的设计
SYNTHESIS（综合）	Run Synthesis	运行综合
	Open Synthesized Design	打开综合后的设计
IMPLEMENTATION（实现）	Run Implementation	运行实现
	Open Implementation Design	打开实现后的设计
PROGRAM AND DEBUG（编程和调试）	Generate Bitstream	生成比特流
	Open Hardware Manager	打开硬件管理器

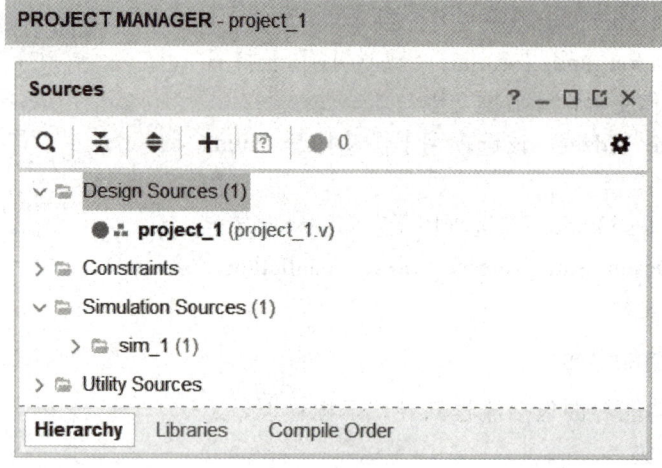

图 1-6 工程管理器窗口

（1）Sources（源文件）窗口

该窗口允许用户管理工程的源文件，包括添加文件、删除文件和对源文件进行重新排序，用于满足指定的设计要求。

1）Design Sources（设计使用的源文件）。该选项显示设计中使用的源文件类型，这些源文件类型包括 Verilog HDL、VHDL、NGC/NGO、EDIF、IP 核、数字信号处理（DSP）模块、嵌入式处理器和 XDC/SDC 约束文件。

2）Constraints（约束文件）。该选项显示对设计进行约束的约束文件。

3）Simulation Sources（仿真源文件）。该选项显示仿真的源文件。

（2）工具栏

1）"查找"按钮 。单击该按钮，打开查找工具栏，允许快速定位源文件窗口内的对象。

2）"折叠"按钮 。单击该按钮，将所有的设计源文件都折叠，只显示顶层对象。

3）"展开"按钮 。单击该按钮，将在源文件窗口中展开层次设计中所有的设计源文件。

4）"添加"按钮 。单击该按钮，添加或创建 RTL 源文件、仿真源文件、约束文件、DSP 模块或嵌入式处理器，以及已经存在的 IP 核。

（3）源文件窗口视图

源文件窗口提供了以下视图，用于显示不同的源文件。

1）Hierarchy（层次视图）。层次视图用于显示设计模块合理化的层次。顶层模块定义了用于编译、综合和实现的设计层次。Vivado 设计套件自动检测顶层的模块。此外，右击设计源文件，在快捷菜单中选择"Set as Top"命令，可以手工定义层次模块。

2）Libraries（库视图）。库视图用于显示保存在各种库中的源文件。

3）Compiler Order（编译顺序）。该视图用于显示所有需要编译的源文件顺序。顶层模块通常是编译的最后文件。基于定义的顶层模块和精细的设计，允许 Vivado 设计套件自动确定编译的顺序。此外，右击设计源文件，在快捷菜单中选择"Hierarchy Update"命令，可以人工控制设计的编译顺序，即重新安排源文件的编译顺序。

5．工作区窗口

工作区窗口如图 1-7 所示，其中给出了设计报告总结、综合、实现设计输入、查看设计、功耗等信息。

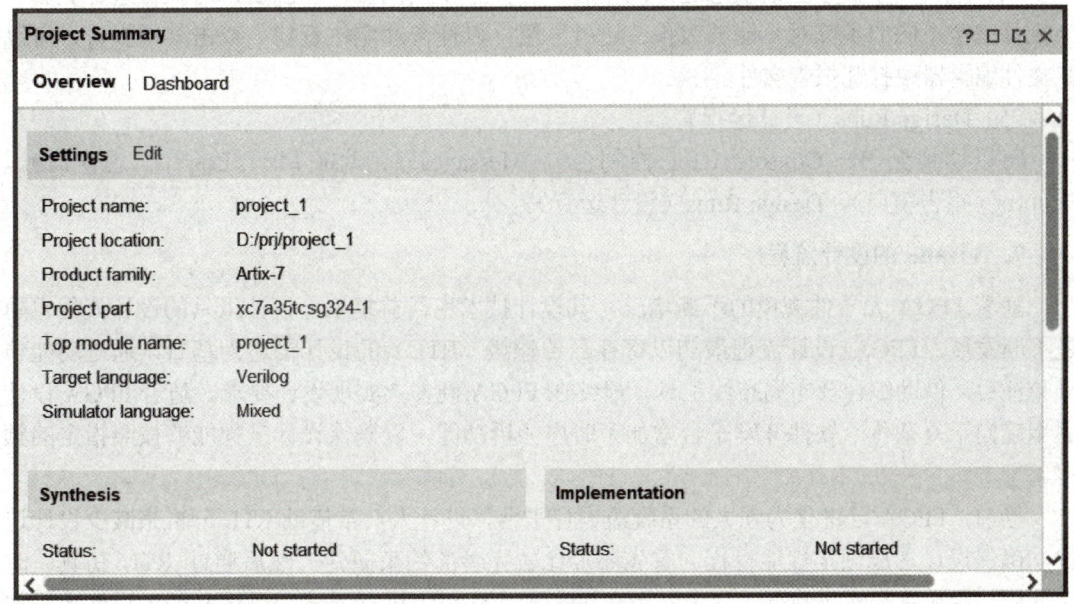

图 1-7　工作区窗口

6．设计运行窗口

设计运行窗口（Design Runs）如图 1-8 所示，可以切换到 Tcl Console（Tcl 控制台）、Messages（消息窗口）、Log（日志窗口）、Reports（报告窗口）、Design Runs（设计运行）。

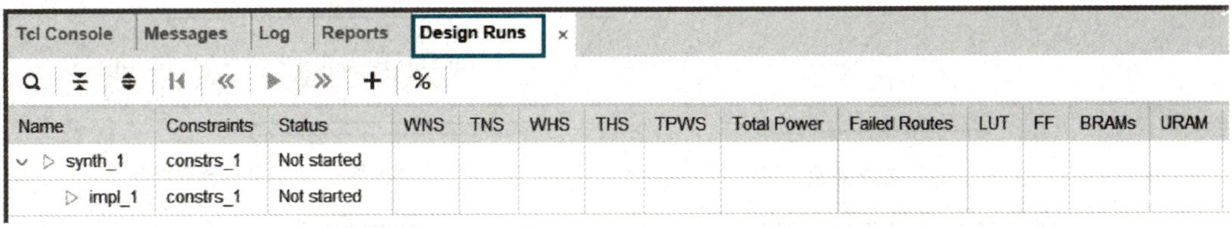

图 1-8　设计运行窗口

（1）Tcl Console（Tcl 控制台）

在窗口中输入 Tcl 命令或预先写好的 Tcl 脚本，控制设计流程的每一步。

（2）Messages（消息窗口）

消息窗口显示工程的设计和报告信息。通过选择 Warnings、Info 和 Status 的状态，可以对消息进行分组显示，以便用户从不同的工具或处理过程中快速定位消息。

(3) Log（日志窗口）

日志窗口用来显示对设计进行编译命令活动的输出状态，这些命令用于综合、实现和仿真。输出显示采用连续滚动格式。当运行新的命令时，就会覆盖前面的输出显示。

(4) Reports（报告窗口）

报告窗口用于显示当前状态运行的报告。当完成不同的操作步骤后，对报告进行更新。当执行完全不同的步骤时，能够对报告进行分组，以便快速定位查找。双击某项报告，可以在文件编辑器中打开报告文件。

(5) Design Runs（设计运行）

可以切换到 Tcl Console（Tcl 控制台）、Messages（消息窗口）、Log（日志窗口）、Reports（报告窗口）、Design Runs（设计运行）。

7. Vivado 的设计流程

随着 FPGA 元器件规模的不断增长，其设计技术也日益复杂，设计工具的设计流程也随之不断发展。FPGA 设计流程最初以寄存器传输级（RTL）的设计描述为基石，通过功能仿真验证后，借助综合及布局布线工具，最终在 FPGA 硬件上实现设计要求。随着 FPGA 设计逐步趋向于复杂化，软件开发平台增加了时序分析功能，以确保设计工程能够按照指定的频率运行。

当前，FPGA 已进化为强大的系统级设计平台，设计人员常借助 RTL 分析来减少设计迭代，确保设计达成预定性能目标。首先添加比较完善的约束条件，然后通过 RTL 仿真、时序分析、后仿真来解决问题，尽量避免在 FPGA 电路板上进行调试。现代 FPGA 设计流程实现了从 RTL 向电子系统级（Electronic System Level，ESL）解决方案的转移。

Vivado 设计套件不仅支持 RTL 的 FPGA 设计流程，而且支持基于 C 语言和 IP 核的系统级设计流程，如图 1-9 所示。系统级设计流程的核心是基于 IP 核的设计。利用 Vivado 进行基于 RTL 的设计，如果设计阶段占用了 20%的研发时间，那么需要花费 80%的研发时间用于调试，才能使其正常工作。利用 Vivado 进行基于 C 语言和 IP 核的设计，第一个设计阶段的效率会提高 10～15 倍，后续设计阶段的效率将提高约 40 倍。

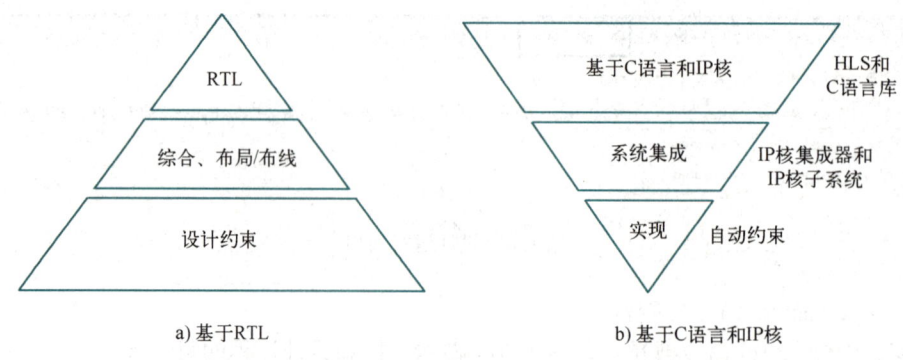

图 1-9 Vivado 两种设计方式的对比

Vivado 还提供高级综合工具（High-Level Synthesis，HLS）、C/C++语言库和 IP 核集成器等，从而加速开发进度和实现系统集成，如图 1-10 所示。用户可以根据自己的需求，选择基于 IP 核的设计方式、基于硬件描述语言的设计方式或利用 HLS 工具实现。

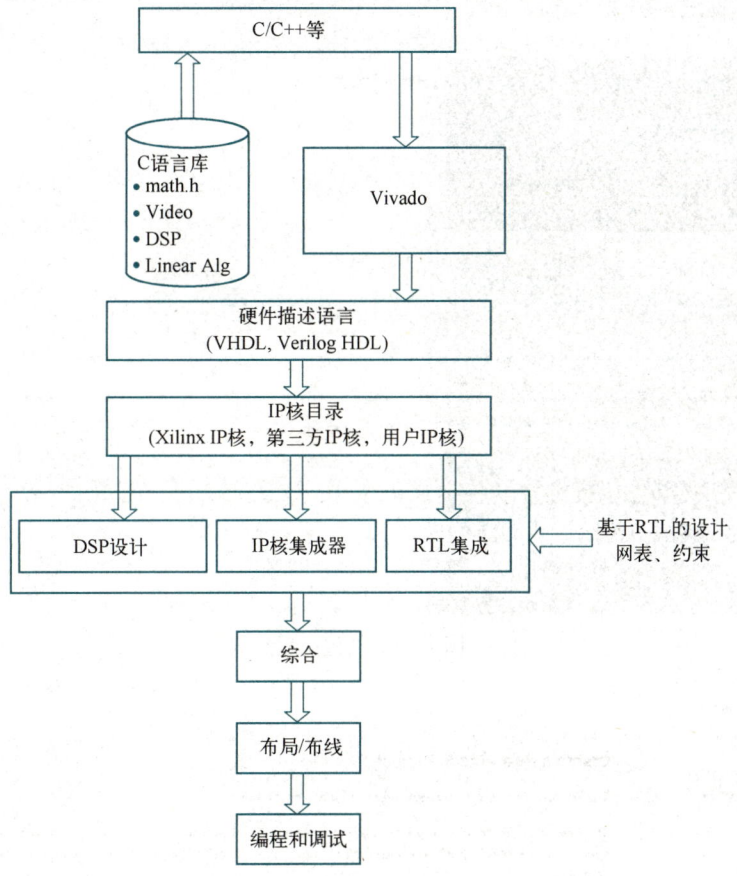

图 1-10 Vivado HLS 设计流程

1.4.2 Vivado Verilog 输入法设计

本节以简单的二选一数据选择器为例，介绍基于 Vivado Verilog HDL 输入法设计的全流程。

1.4.2 Vivado Verilog 输入法设计

1. 创建工程

1）打开 Vivado 2019.1，选择"Create Project"命令新建一个工程，如图 1-11 所示。

2）在"Create a New Vivado Project（创建新工程向导）"页面中单击"Next"按钮，如图 1-12 所示。

3）在"Project Name（工程名称）"页面中修改工程名称和存储路径。本实例将工程名更改为"muxtwo"，注意存储路径中不要出现中文。同时勾选"Create Project Subdirectory"选项，然后单击"Next"按钮。如图 1-13 所示。

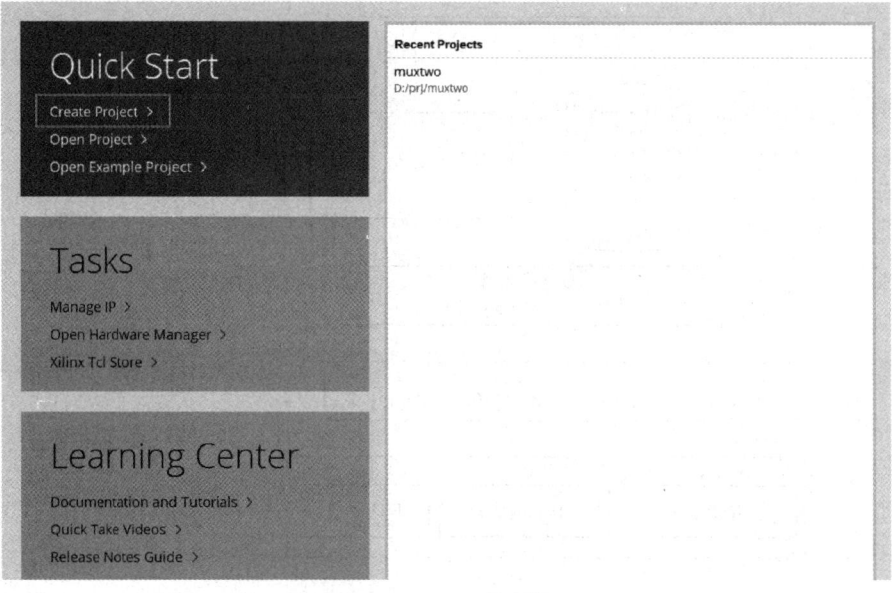

图 1-11　新建工程

图 1-12　创建新工程向导

图 1-13　修改工程名称和存储路径

4）在"Project Type（工程类型）"页面选择"RTL Project"选项，同时勾选"Do not specify sources at this time"选项，然后单击"Next"按钮，如图1-14所示。

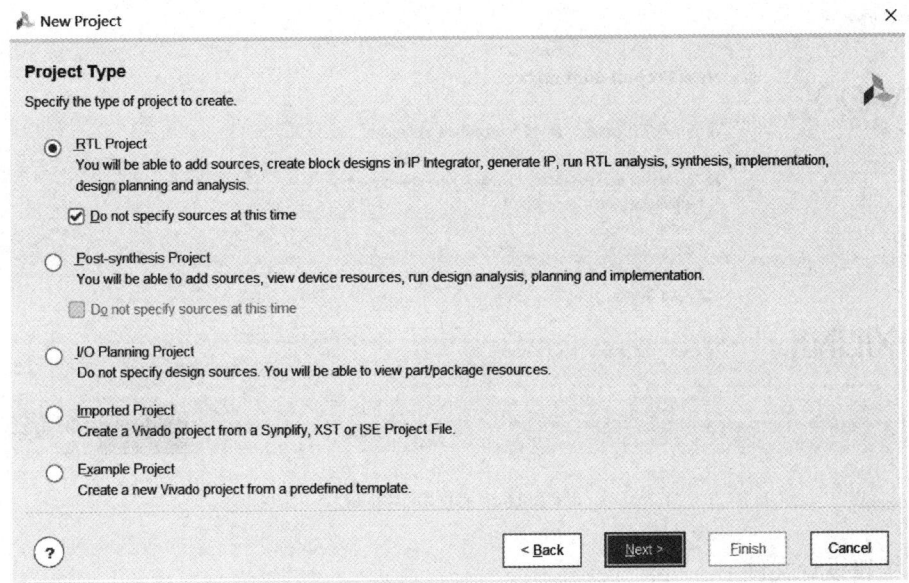

图1-14　选择工程类型是RTL

5）在"Default Part（默认组件）"页面中，Family（系列）选择"Artix-7"、Package（封装）选择"csg324"、Speed（速度）选择"-1"，选择FPGA芯片型号为"xc7a35tcsg324-1"，然后单击"Next"按钮，如图1-15所示。

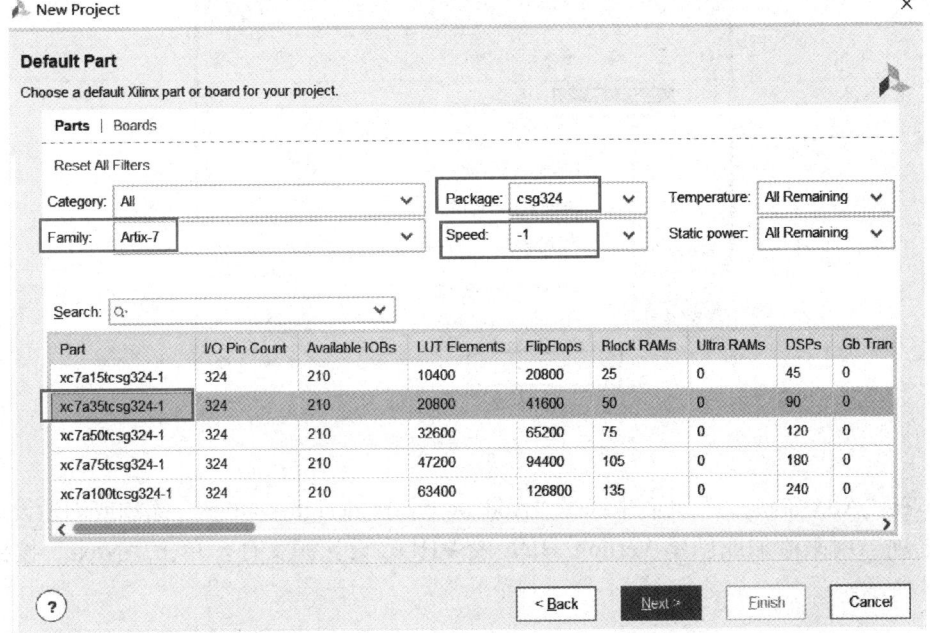

图1-15　选择FPGA芯片型号

6）在"New Project Summary"页面确认工程信息，无误后单击"Finish"按钮，完成新工程的创建，如图 1-16 所示。

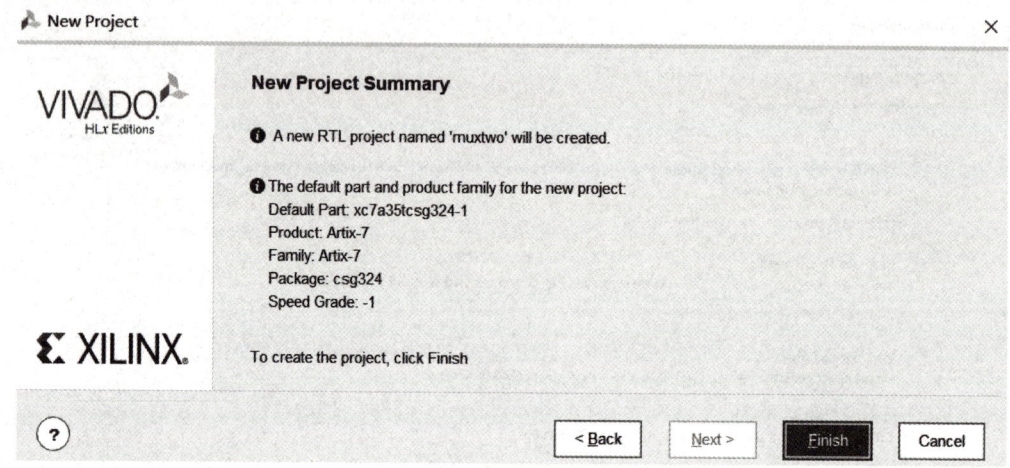

图 1-16　工程新建完成

2. 编辑设计文件

1）新建工程完毕后，Vivado 自动打开该工程，进入编辑界面。选中"PROJECT MANAGER"→"Design Sources"，右击鼠标，从快捷菜单中选择"Add Sources"选项，如图 1-17 所示。

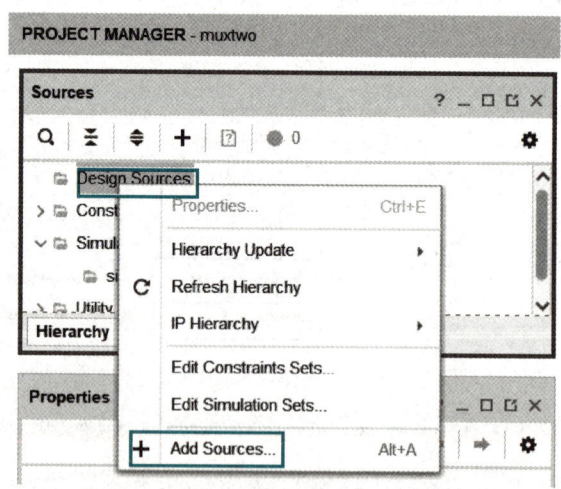

图 1-17　在工程中添加源文件

2）在"Add Sources"页面中选择"Add or create design sources（添加或创建设计源文件）"选项，用来添加或创建 Verilog HDL 或 VHDL 设计源文件，单击"Next"按钮，如图 1-18 所示。

项目 1　FPGA 设计入门

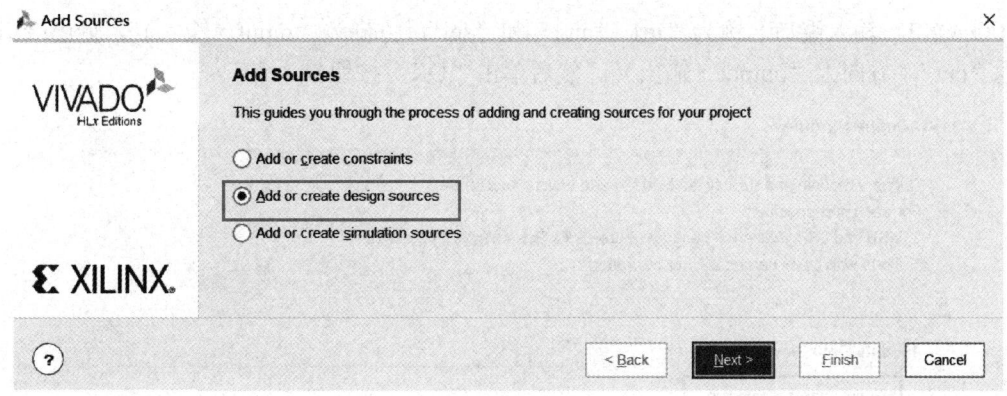

图 1-18　选择添加或创建设计源文件

3）在"Add or Create Design Sources"页面，单击"Create File（创建文件）"按钮，创建设计源文件，如图 1-19 所示。

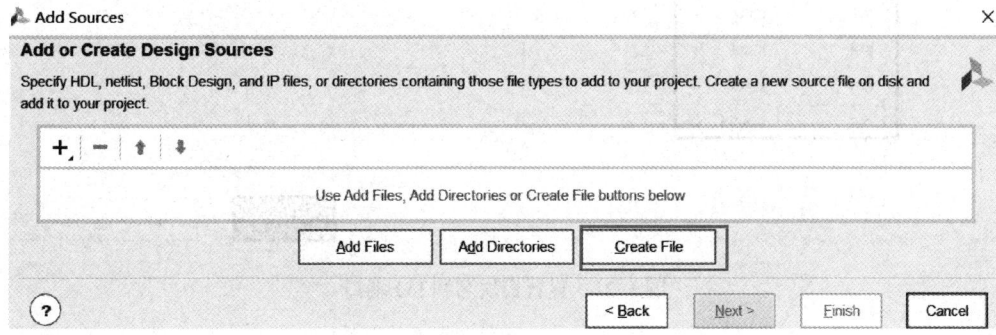

图 1-19　选择创建设计源文件

4）在弹出的"Create Source File"对话框中，文件类型选择为 Verilog，修改文件名为 muxtwo，文件存储位置保持默认设置，单击"OK"按钮，如图 1-20 所示。

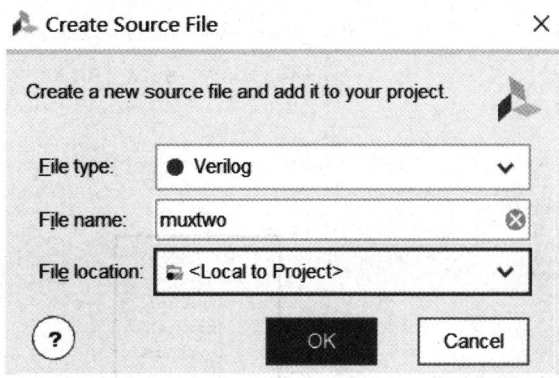

图 1-20　新建 Verilog 文件

5）返回"Add or Create Design Sources"页面，单击"Finish"按钮，完成设计源文件创建。
6）弹出"Define Module"对话框，如图 1-21 所示。定义模块名为"muxtwo"，然后定义 I/O 端口，输入端口名称为"in1""in2"和"sel"，方向为"input（输入）"，输出端口名称为"out"，方向为"output（输出）"。然后单击"OK"按钮。

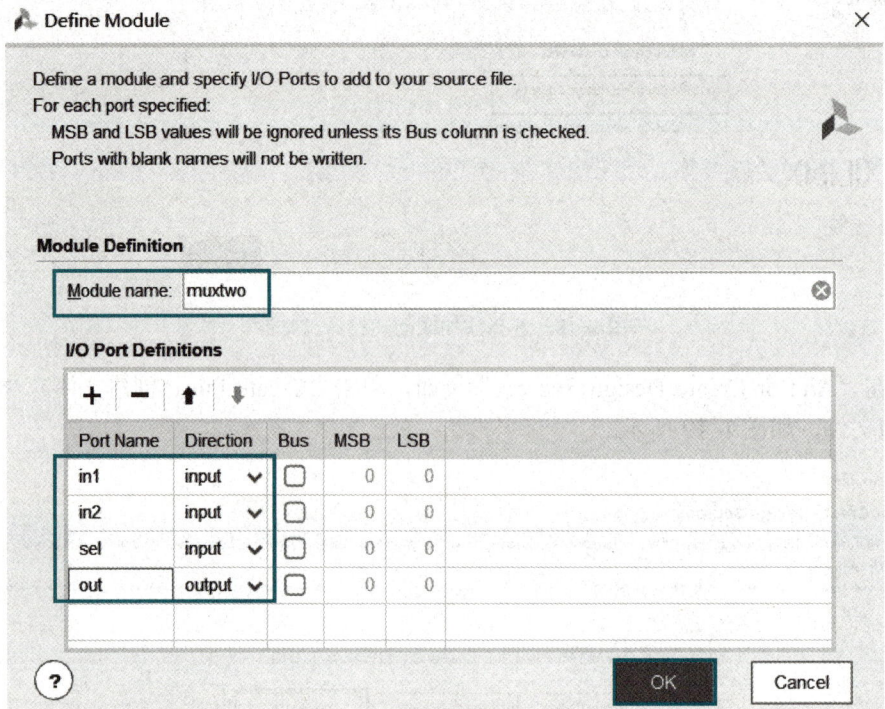

图 1-21　设置模块名和 I/O 端口

7）在主界面"Sources"窗口的"Design Sources"选项下方出现了 muxtwo.v 源文件，双击该文件，进入程序编辑界面，如图 1-22 所示。

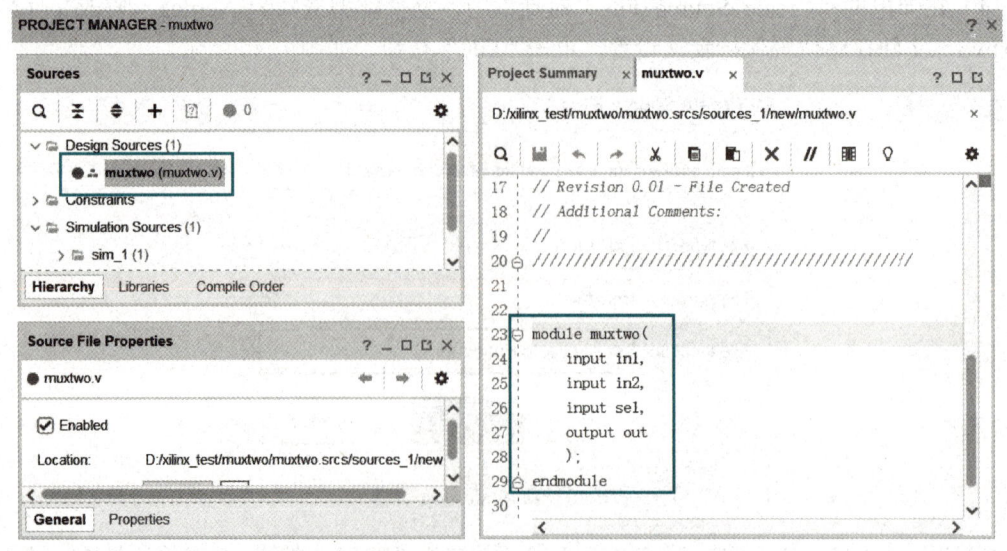

图 1-22　打开并编辑 Verilog 源文件

8）在右侧的代码编辑框中输入如下 Verilog 代码，实现二选一数据选择器。

```verilog
module muxtwo(
    input in1,       //in1 和 in2 为输入信号
    input in2,
    input sel,       //sel 为选择输入
    output out       //out 为数据输出
    );
    assign out = sel?in1:in2;
endmodule
```

3. 设计综合

1）在"Flow Navigator"中，选择"SYNTHESIS"→"Run Synthesis"选项，对工程进行设计综合，如图 1-23 所示。

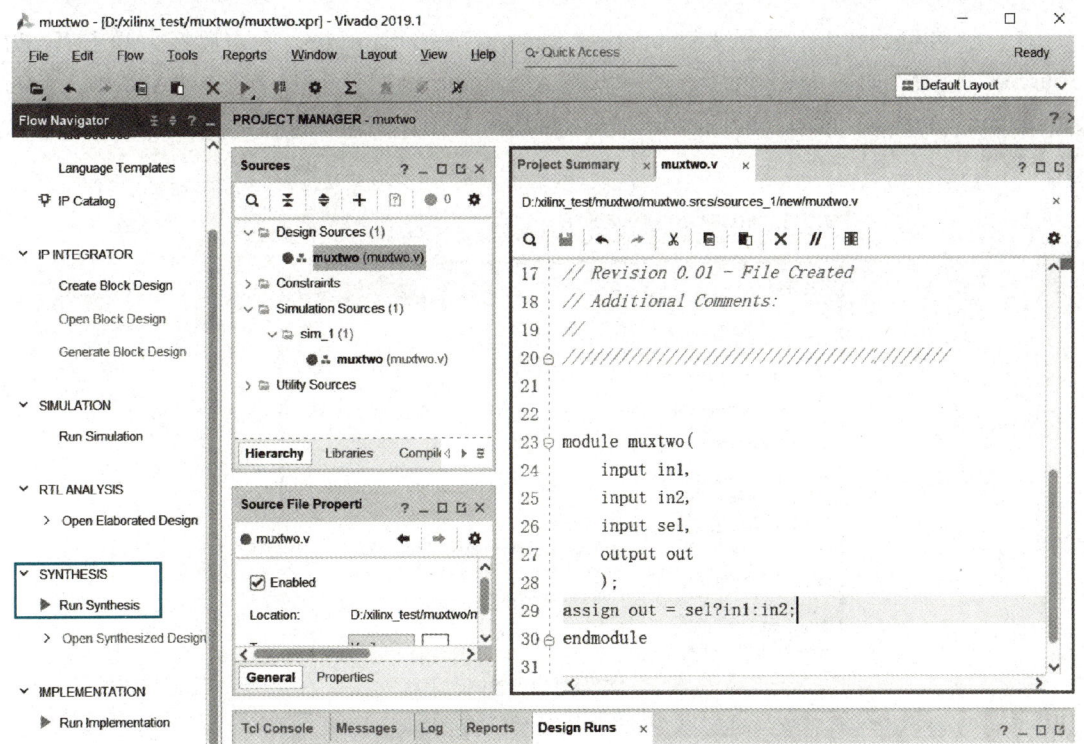

图 1-23　对工程进行设计综合

2）综合结果如图 1-24 所示，显示 Synthesis successfully completed，单击"Cancel"按钮，方可进行下一步操作。

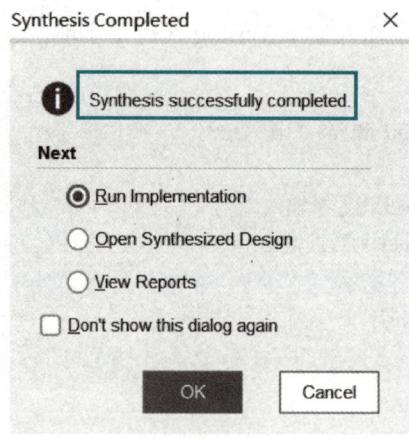

图 1-24　综合结果

4．编辑仿真文件

1）在 Sources 中，选择"Simulation Sources"→"sim_1"，右击鼠标，弹出"Add Sources"选项，如图 1-25 所示。在弹出的 Add Sources 对话框中，选择"Add or create simulation sources"选项，如图 1-26 所示，然后单击"Next"按钮，添加或创建仿真源文件。

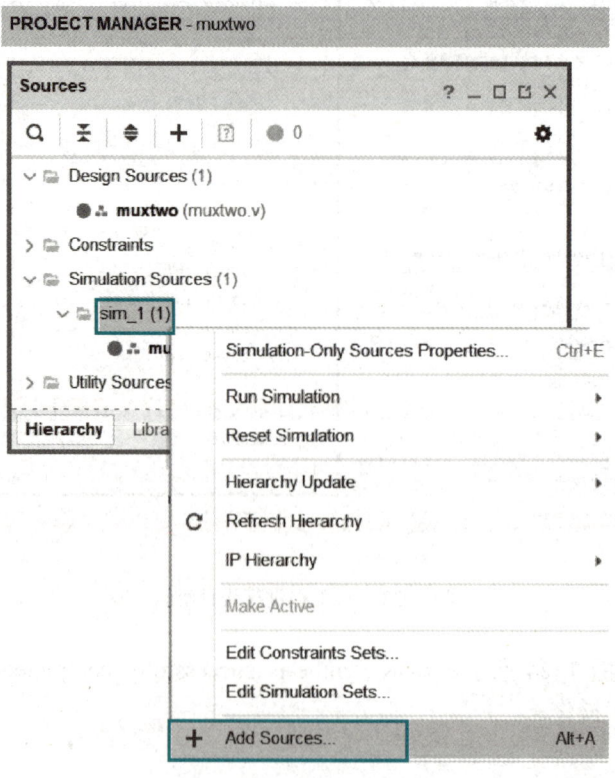

图 1-25　添加测试文件

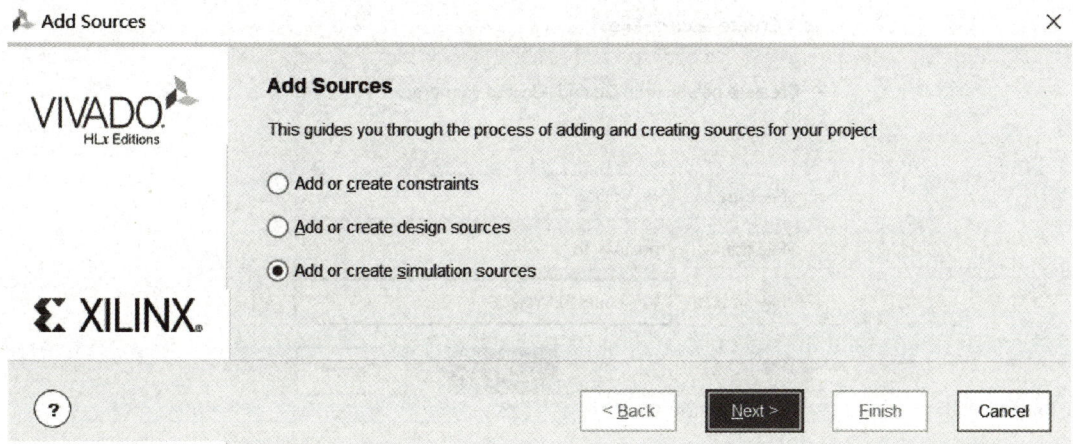

图 1-26　勾选添加或创建仿真源文件

2）在"Add or Create Simulation Sources"页面上,单击"Create File"按钮,创建仿真源文件,如图 1-27 所示。

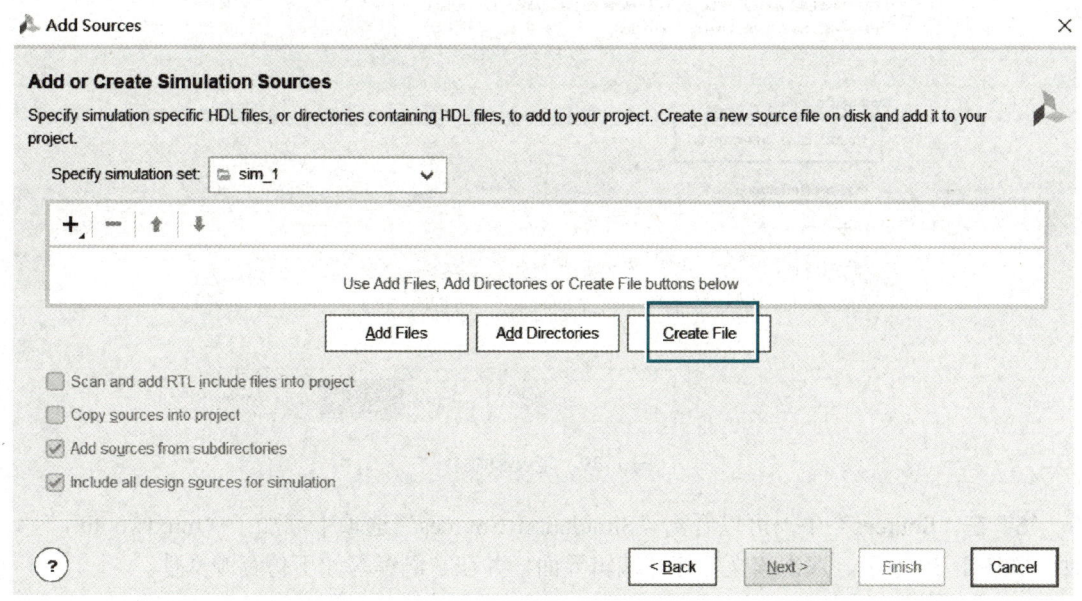

图 1-27　选择创建仿真源文件

3）在"Create Source File"页面,文件类型选择为"Verilog",修改文件名为"muxtwo_tb",文件存储位置保持默认,单击"OK"按钮,如图 1-28 所示。

4）返回"Add or Create Design Sources"页面,单击"Finish"按钮,完成测试文件创建。

5）弹出"Define Module"对话框,如图 1-29 所示。模块名定义为"muxtwo_tb",仿真激励文件不需要对外端口,因此不需要定义 I/O 端口,直接单击"OK"按钮,进入下一步。在随后弹出的对话框中单击"Yes"按钮。

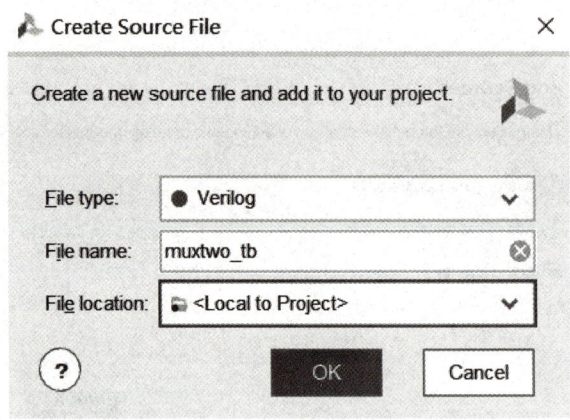

图 1-28　新建仿真源文件

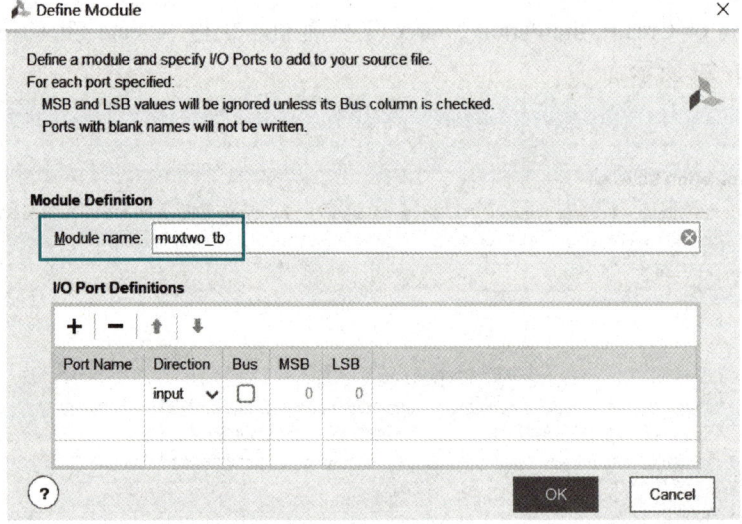

图 1-29　定义模块名

6）在"Sources"中，可以看到"Simulation Sources"选项下添加了"muxtwo_tb.v"文件，如图 1-30 所示。双击该文件打开编辑界面，并在右侧编写如下仿真源文件。

```
module muxtwo_tb(   );
    reg in1,in2,sel;    //in1 和 in2 为输入信号，定义为 reg 型，sel 为选择输入，定义为 reg 型
    wire out;           //out 为信号输出，定义为 wire 型
    muxtwo u1(in1,in2,sel,out);
    initial
    begin
    sel=1;in1=1;in2=0;#10;
    sel=1;in1=0;in2=1;#10;
    sel=0;in1=1;in2=0;#10;
    sel=0;in1=0;in2=1;#10;
```

    end
   endmodule

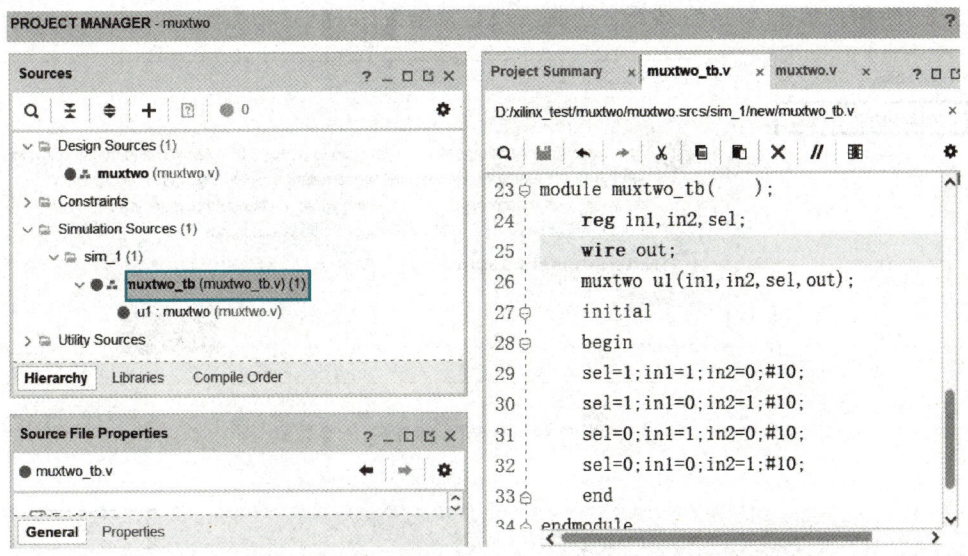

图 1-30　仿真源文件的编辑

5．仿真分析

选择"SIMULATION"→"Run Simulation"→"Run Behavioral Simulation"（图 1-31），出现图 1-32 所示的行为仿真波形。

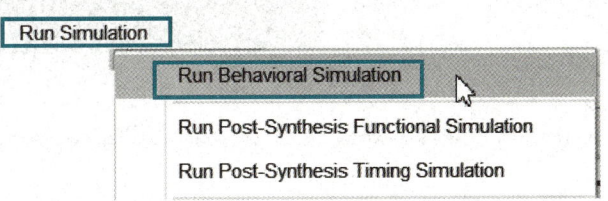

图 1-31　选择运行仿真

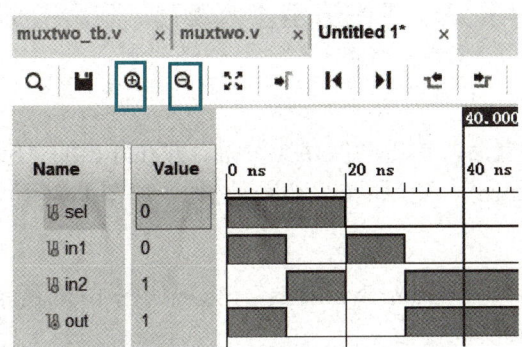

图 1-32　二选一数据选择器行为仿真波形图

6. 引脚约束

1）选择"RTL ANALYSIS"→"OPEN Elaborated Design"，出现允许引脚分配对话框，如图 1-33 所示。单击"OK"按钮，引脚约束设置结果如图 1-34 所示。

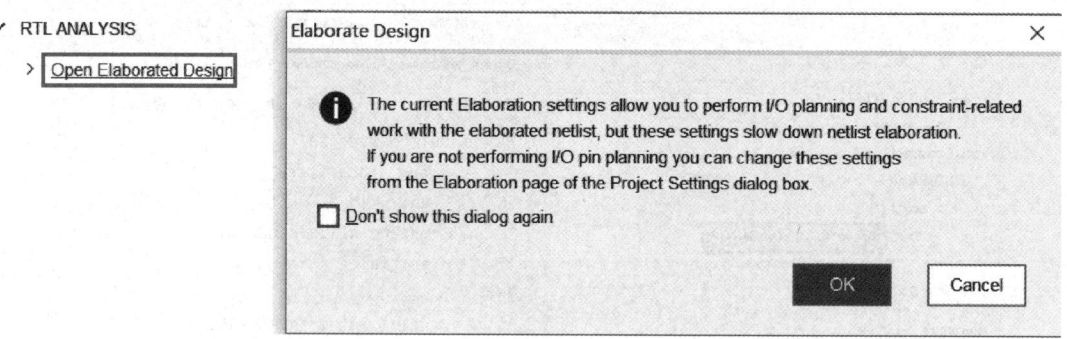

图 1-33　允许引脚分配

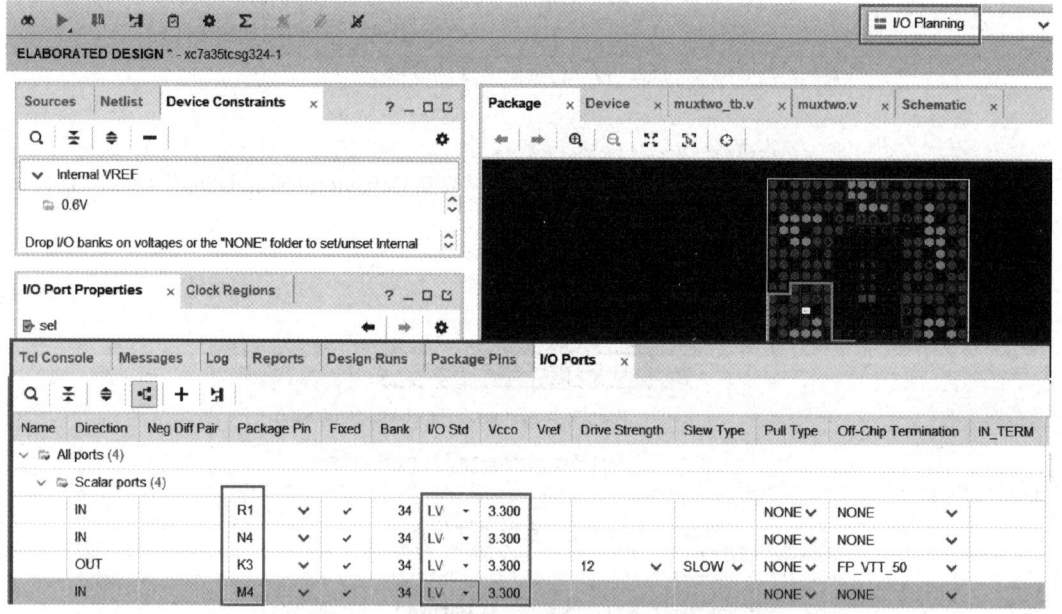

图 1-34　引脚约束设置结果

2）完成引脚约束设置后，单击"保存"按钮，并在弹出的"Save Constraints"对话框中将文件名修改为"muxtwo"，随后单击"OK"按钮，如图 1-35 所示。

7. 再次进行综合

选择"SYNTHESIS"→"Run Synthesis"，出现如图 1-36 所示对话框，单击"OK"按钮。

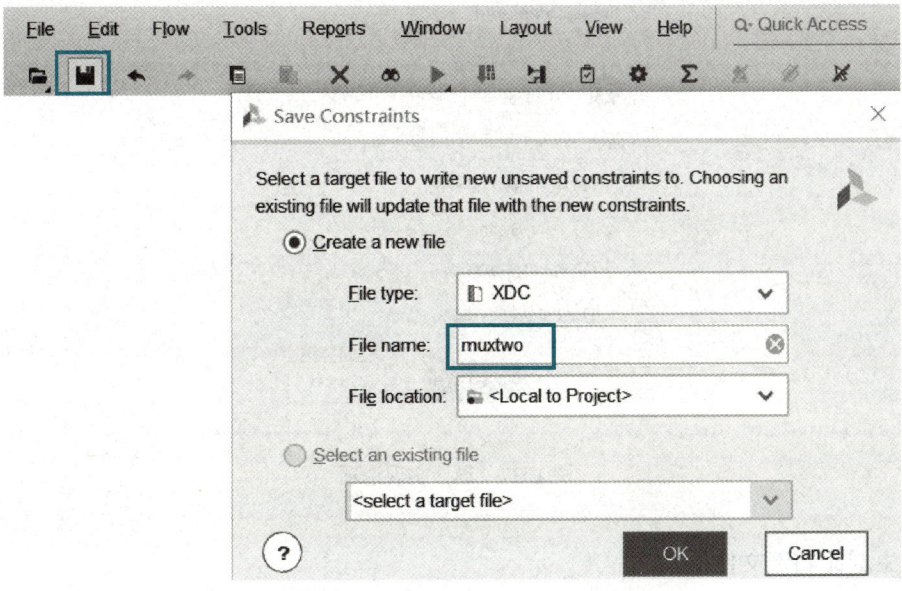

图 1-35 引脚约束文件保存

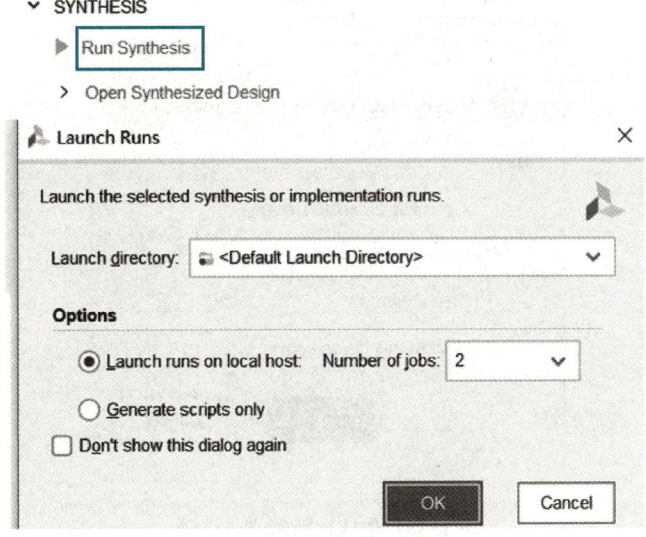

图 1-36 综合选项

8.设计实现

选择如图 1-37 所示的"Run Implementation"选项,单击"OK"按钮,开始对工程执行设计实现过程。

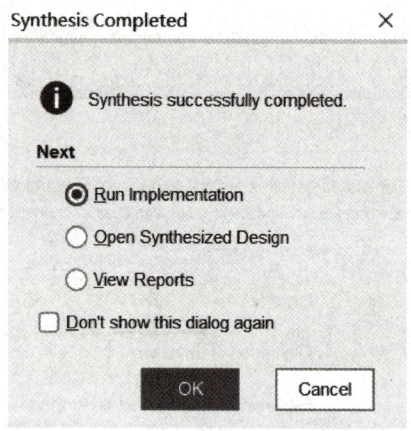

图 1-37　设计实现选项

9．生成比特流文件

设计实现流程结束后,在随后弹出的对话框里选择"Generate Bitstream"选项,并单击"OK"按钮,系统将直接进入比特流文件生成界面,如图 1-38 所示。

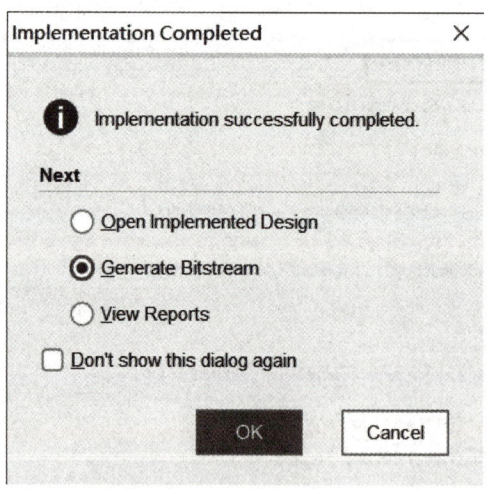

图 1-38　生成比特流文件选项

10．下载比特流文件到 FPGA 中

生成比特流文件完成后,在"Hardware Manager"界面选择"Open target"→"Auto Connect"选项。连接成功后,在目标芯片上右击,在快捷菜单中选择"Program Device"选项。弹出"Program Device"对话框,如图 1-39 所示。可以看到,"Bitstream file"一栏中已经自动加载本工程生成的比特流文件。单击"Program"按钮,对 FPGA 芯片进行编程。

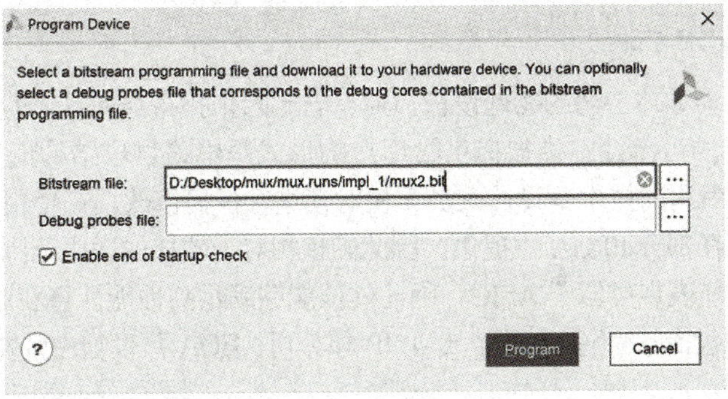

图 1-39 "Program Device" 对话框

1.4.3 Vivado IP 集成器设计环境

FPGA 所实现的功能极为复杂，若在工程实施中完全独立开发所有功能模块，将导致开发任务繁重、工作量巨大，且难以确保自我开发模块的正确性，需经历长时间的测试，从而可能延误产品的上市时间。在产品设计和开发过程中，如果采用成熟且已经验证正确的 FPGA 设计成果，集成到 FPGA 设计中，可以加快开发过程。另外，由于采用的 FPGA 功能设计已经经过验证，因此还可以缩短开发过程中的调试时间。

IP 核是具有知识产权的集成电路核，是经过反复验证的、具有特定功能的宏模块。IP 核与芯片制造工艺无关，可以移植到不同的半导体工艺中。IP 核设计的主要特点是，可以重复使用已有的设计模块，缩短设计时间，减少设计风险。IP 核可作为独立设计的成果被交换、转让和销售。FPGA 生产厂商可以将 IP 核集成至开发工具中，提供给开发者。第三方公司也可以设计 IP 核，直接有偿转让给 FPGA 生产厂商或销售给开发者。随着 FPGA 资源规模的不断增加，可实现的系统越来越复杂，采用集成 IP 核完成 FPGA 设计已经成为发展趋势。

IP 核模块有行为、结构和物理三个不同程度的设计，根据描述功能行为的不同，可分为三类，即软核、完成结构描述的固核和基于物理描述并经过工艺验证的硬核。

1. 软核（Soft IP Core）

软核在 FPGA 中指的是对电路进行硬件语言描述的文件，涵盖逻辑描述、网表以及帮助文档等内容。软核通常以 HDL 文本形式提交给用户，它经过 RTL 级设计优化和功能验证，但代码中不涉及任何具体的物理信息。软核都经过功能仿真，用户可以综合正确的门电路级设计网表，在此基础上经过布局布线即可使用。

软核的优点是：与物理元器件无关，可移植性强，适用范围广。软核的缺点是：在新的物理元器件下，使用的正确性不能完全保证，在后续使用过程中存在错误的可能性，有一定的设计风险。目前，软核是 IP 核应用最广泛的形式。

2. 固核（Firm IP Core）

在 EDA 设计领域，固核指的是带有平面规划信息的网表，介于软核和硬核之间。在 FPGA 设计中，固核可认为是带布局规划的软核，通常以 RTL 代码与具体工艺网表的混合形式呈现。固核不仅包含了软核的全部设计内容，还进一步完成了门级电路综合和时序仿真等关键设计流程。相对于软核，固核设计的灵活性和使用范围略有不足，但在可靠性上有显著提升。

3. 硬核（Hard IP Core）

硬核设计是基于半导体工艺的物理设计，拥有固定的拓扑布局和具体的工艺流程，并已经过工艺验证，确保性能的可靠性。硬核提供给用户的形式是电路物理结构掩模版图和全套工艺文件，是一套可以拿来就用的技术。设计人员无权对其进行任何修改。在使用过程中，硬核与具体的 FPGA 绑定，且仅在部分 FPGA 中提供，因此硬核相对于软核的适用范围较窄。由于硬核被集成在 FPGA 中，其性能表现类似于 ASIC，因此硬核能够满足高性能计算和通信的严格要求。

IP 核的主要来源包括芯片生产厂家、专业 IP 核公司、EDA 厂商自主开发以及非主流渠道等。

【项目评价】

项目名称： 项目承接人姓名： 日期：
FPGA 设计入门

项目要求	得分标准	得　分
项目分析（10 分） 项目分析合理，项目准备单填写准确	项目准备单填写合理性评价（每合理 1 条得 1 分，满分 10 分）	
关键要求一（15 分） 能用自己的语言描述 FPGA 的概念与特点	1. 对 FPGA 概念有自己的理解（得 5 分） 2. 能准确描述 FPGA 的作用和价值（得 5 分） 3. 能准确描述 FPGA 的发展现状（得 5 分）	
关键要求二（15 分） 能辨析 FPGA 与 ASIC 的特性差异	1. 能够明确 FPGA 和 ASIC 的本质区别（得 5 分） 2. 能够分析 FPGA 在并行处理中的优势（得 5 分） 3. 能够列举 FPGA 典型应用场景（得 5 分）	
关键要求三（20 分） 能结合 Xilinx 7 系列描述 FPGA 资源结构	1. 能选择 Xilinx 7 系列某一型号（得 5 分） 2. 能描述其逻辑资源配置（得 5 分） 3. 能解析其 I/O 口资源特点（得 5 分） 4. 能说明其 DSP48 模块的应用（得 5 分）	
关键要求四（10 分） 能描述 Vivado 基本设计流程	1. 能描述 Vivado 设计流程（得 5 分） 2. 能完成二选一数据选择器工程创建（得 5 分）	
项目汇报（10 分） 汇报内容清晰、重点突出、时间把握合理、衣着整洁、仪态自然大方	1. 汇报内容不清晰（每处扣 1 分） 2. 重点不突出（根据情况酌情扣分，最多扣 3 分） 3. 衣着不整洁（根据情况酌情扣分，最多扣 3 分） 4. 仪态不自然大方（根据情况酌情扣分，最多扣 3 分）	
职业道德和职业技能能力（15 分） 了解 FPGA 行业国产化进程，能分析 FPGA 专业领域面临的挑战	1. 未提及国产 FPGA 发展（扣 5 分） 2. 未分析 EDA 技术自主化重要性（扣 5~10 分）	
创新创意（5 分）	项目完成中，能结合 FPGA 在 AI、5G 等新兴领域的应用提出创新方案（每项附加 1 分，最高 5 分）	

习题

简答题

1. EDA 技术有哪些应用？
2. 国内外有哪些著名的 FPGA 公司？
3. Xilinx 7 系列 FPGA 产品有哪几个系列？其特点是什么？
4. 请简述基于 Vivado 使用 Verilog 输入法设计 FPGA 的流程。
5. IP 核分为哪几类？分别有什么特点？

项目 2　多人表决器的设计与验证

　　本项目采用阶梯式的任务设计，系统地培养学生在 Verilog 语法基础和组合逻辑电路方面的开发能力。学生将基于 Vivado 平台，从常量定义、运算符应用等语言基础切入，逐步完成多输入门电路、全加器模块的设计与功能验证，最终通过模块级联与信号绑定，实现可扩展的多人表决器系统。项目涵盖 RTL 代码编写、门级仿真波形分析、组合逻辑优化等全流程，强化"语法规则→硬件映射→系统集成"的工程化验证思维，培养学生将行为级描述转化为门级电路设计的实践能力，为后续时序逻辑与复杂数字系统开发奠定方法论基础。

知识目标	技能目标	素养目标
◇ 掌握组合逻辑电路的基本设计和验证方法	◇ 能编写门电路源程序及测试程序	◇ 具备硬件描述语言（HDL）基础
◇ 熟悉 Verilog HDL 数据类型	◇ 能编写全加器源程序及测试程序	◇ 具备模块化设计思维能力
◇ 熟悉 Verilog HDL 运算符	◇ 能编写多人表决器源程序及测试程序	◇ 具备逻辑与抽象思维能力
◇ 熟悉 Verilog HDL 程序结构	◇ 能编写数据选择器源程序及测试程序	◇ 具备多场景电路设计能力
	◇ 能编写译码器和编码器源程序	

【思维导图】

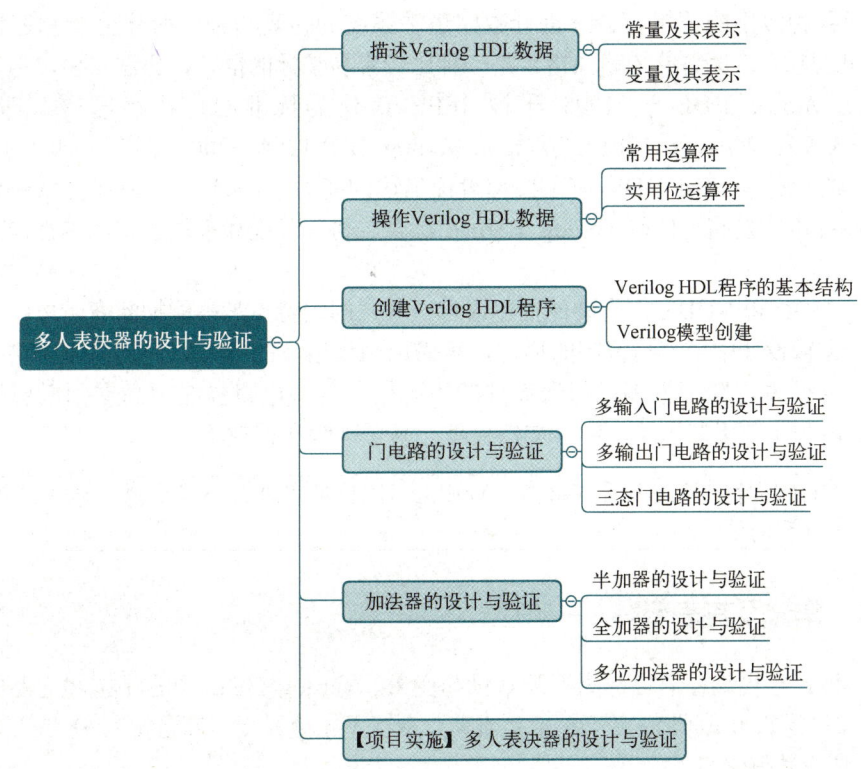

任务 2.1 描述 Verilog HDL 数据

硬件描述语言（Hardware Description Language，HDL）是一种用形式化方法来描述数字电路及其系统的语言，与常规计算机高级语言相似。数字电路系统的设计人员可利用 HDL，从上层到下层（从抽象到具体）逐层描述自己的设计理念，用一系列分层次的模块来表示极其复杂的数字电路系统。然后，利用 EDA 工具逐层进行仿真验证，并通过自动综合工具把 HDL 描述的系统转换为门级电路网表。接下来，FPGA 自动布局/布线工具把网表文件转换为具体电路布线结构的实现。硬件描述语言非常适合复杂的数字电路系统设计。

20 世纪 80 年代，已经出现了上百种硬件描述语言，这些语言显著地促进了设计自动化的发展。然而，这些语言一般各自面向特定的设计领域和层次，众多的语言令设计人员无所适从。因此，亟须一种面向设计的多领域、多层次和普遍认同的标准硬件描述语言。最终，VHDL 和 Verilog HDL 语言适应了这种趋势的要求，相继成为 IEEE 标准。

超高速集成电路硬件描述语言（Very-High-Speed Integrated Circuit Hardware Description Language，VHDL）于 1987 年被 IEEE 确认为标准硬件描述语言。VHDL 语言具有更强的行为描述能力，丰富的仿真语句和库函数，语法严格，书写规则较烦琐，入门较难。

Verilog HDL 是目前应用广泛的一种硬件描述语言，用于数字电路系统设计。该语言允许用户进行各种级别的逻辑设计，进行数字逻辑系统的仿真验证、时序分析和逻辑综合。Verilog HDL 具有 C 语言的描述风格，是一种比较容易掌握的语言，语法自由，但是初学者容易出错。Verilog HDL 于 1995 年被 IEEE 确认为标准硬件描述语言，即 Verilog HDL1364—1995；2001 年，IEEE 发布了 Verilog HDL1364—2001 标准，加入了 Verilog HDL-A 标准，使 Verilog HDL 有了模拟设计描述的能力。2005 年，System Verilog IEEE 1800—2005 标准的发布，使得 Verilog HDL 在综合、仿真验证和模块的重用等性能方面都有大幅度的提高。

Verilog HDL 和 VHDL 作为硬件描述语言，其共同的特点是：能抽象表示电路的行为和结构，支持逻辑设计中层次与范围的描述，可借用高级语言的精巧结构来简化电路行为的描述，具有电路仿真与验证机制以保证设计的正确性，支持电路描述由高层到低层的综合转换，硬件描述与实现工艺无关，便于文档管理，易于理解和移植等。

> 说明：VHDL 对字母大小写不敏感，Verilog HDL 对字母大小写敏感。本书选用 Verilog HDL 作为示例语言。

2.1.1 常量及其表示

任何一种计算机编程语言都离不开常量和变量。Verilog HDL 语言中描述电路的基本常量有四种：0（逻辑 0 或假）、1（逻辑 1 或真）、x（不定值）、z（高阻抗）。0 和 1 是数值常量，x 和 z 是非数值常量。

这四种常量的解释都内置于 Verilog HDL 语言中。数值常量 0 和 1 在逻辑电路中被解释为低电位和高电位。如果一个电路的值为 z，则意味着该电路处于高阻抗状态，也就是电路处于断开状态。如果一个电路的值为 x，则意味着该电路处于不确定的状态。在门的输入或一个表达式中为 z 的值通常被解释成 x。此外 x 和 z 都是不区分大小写的，也就是说，值 0x1z 与值 0X1Z 相同。

电路的常量表示一条导线的状态，可以称为导线的值。除导线的基本电路常量外，Verilog HDL 程序中还有整数型、实数型和字符串型三类常量。

 说明：这三类常量主要用于电路的辅助描述，在实际电路中没有这三类数值。

1. 整数型常量

整数型常量（整常数）常用四种进制表示：二进制整数（b 或 B）、十进制整数（d 或 D）、十六进制整数（h 或 H）、八进制整数（o 或 O）。

数字表达方式的三种格式如下。

1）基数格式：<位宽>'<进制><数字>，是一种全面的描述方式，如 8'b1100_0101 或 8'hc5。

2）<进制><数字>，数字的位宽由机器系统决定，至少为 32 位，如 hc5。

3）<数字>，默认进制为十进制，位宽默认为 32 位，如 32（十进制数 32），-15（十进制数-15）。

2. x 和 z

在数字逻辑中，x 表示一个不定值，z 表示高阻抗状态。每个字符代表的二进制数的宽度取决于所用的进制。在二进制表示法中，若已明确指定位宽的数用 x 或 z 表示某些位，则仅在最左侧的 x 或 z 具有扩展性。

例如：

8'bzx = 8'bzzzz_zzzx	
8'b1x = 8'b0000_001x	//最高位是数字，则扩展 0

为了清晰可见，建议直接写出每一位的值。

 说明：z 还有一种表达方式，即可以写作"？"，在使用 case 表达式时，建议使用这种写法，以提高程序的可读性。

3. 负数

在位宽前加一个负号，即表示负数。例如：

-8'd5	//5 的补数=8'b1111_1011

 注意：负号不能出现在位宽与进制之间，也不能放在进制与数字之间。例如：

8'-d5	//非法格式
8'd-5	//非法格式

4. 下画线

为了提高数字的可读性，建议在较长的数字之间用下画线"_"进行分隔。下画线可以用在整数或实数中，它们本身不具备数值意义，但下画线不能用在进制和数字之间，也不能用作首字符。例如：

```
16'b1010_0101_1010_1100    //合法格式
8'b_1010_0101              //非法格式
```

5. 参数（parameter）型常量

在 Verilog HDL 中，用 parameter 来定义参数型常量，即用 parameter 定义一个标识符来代表一个常量，也称为符号常量，即标识符形式的常量。采用标识符代表常量可以提高程序的可读性和可维护性。参数型常量的声明格式如下。

```
parameter 参数名1=表达式,参数名2=表达式,…,参数名n=表达式;
```

参数型常量经常用于定义延迟时间和变量宽度。例如，用参数型常量来表示存储器的大小：

```
parameter wordsize=16;
parameter memsize=1024;
reg [wordsize-1:0] MEM [memsize-1:0];  //定义一个1KB×16位的寄存器
```

2.1.2 变量及其表示

在程序运行过程中，其值可以改变的量，称为变量。Verilog HDL 中，变量的数据类型有 19 种，这里介绍常用的三种变量：线网型、寄存器型、数组型。

1. 线网型变量

线网型变量是指输出始终随输入的变化而变化的量。线网型用于对结构化器件之间的物理连线建模，如元器件的引脚、内部器件与门的输出等。由于线网型变量代表的是物理连接线，因此它不存储逻辑值，必须由元器件驱动。线网型主要有 wire 型和 tri 型两种。

（1）wire 型

模块中的输入信号和输出信号的类型默认为 wire 型。其格式说明如下。

1）表示一位 wire 型的变量，定义如下。

```
wire 数据名1,数据名2,…,数据名n;
```

2）表示多位 wire 型的变量，定义如下。

```
wire [n-1:0] 数据名1,数据名2,…,数据名n;
wire [n:1] 数据名1,数据名2,…,数据名n;
```

其中，[n-1:0]和[n:1]代表数据的位宽，即该数据有几位。例如：

```
wire a，b;              //定义了两个 1 位的 wire 型变量 a 和 b
wire [4:1] c，d;        //定义了两个 4 位的 wire 型变量 c 和 d
```

线网型变量常用来表示以 assign 语句赋值的组合逻辑信号。
例如：

```
assign A=B^C;
```

当一个 wire 型的信号没有被驱动时，默认值为 z（高阻抗）。信号没有定义数据类型时，默认为 wire 型。

（2）tri 型

tri 型主要用于定义三态的线网型变量。这个类型与 wire 型功能几乎一样，但是当总线上需要描述高阻抗的特性时，则用它来描述，以与 wire 型进行区分。

2. 寄存器型变量

寄存器型变量对应具有状态保持作用的电路元器件（如触发器、寄存器等），常用来表示过程块语句（如 initial 语句、always 语句）中的特定信号。

若寄存器型的信号在某种触发机制下被分配了一个值，则在分配下一个值之前保留原值。但必须注意的是，寄存器型变量不一定是存储单元。在 always 语句中进行描述，必须用寄存器型变量。寄存器型变量定义的语法格式如下。

```
reg [msb:lsb] 变量名 1，变量名 2，…，变量名 i;  //共有 i 条总线，每条总线内有 n 条线路
```

msb 和 lsb 定义了范围，并且均为常量表达式。范围是可选的，如果没有定义范围，则默认值为 1 位寄存器。例如：

```
reg [3:0] Sat;     //Sat 为 4 位寄存器
reg Cnt;           //Cnt 为 1 位寄存器
```

寄存器型变量的值可取负数，但若该变量用于表达式的运算中，则按无符号类型处理，例如：

```
reg A;
A = -1;
```

则 A 的二进制数为 1111，在运算中，A 按无符号数 15 来处理。

用寄存器型来构建两位的 D 触发器，代码如下：

```
reg [1:0] Dout;
always@(posedge Clk)
    Dout<=Din;
```

寄存器型变量必须通过过程赋值语句赋值，不能通过 assign 语句赋值。在过程块内被赋值的每个信号必须定义成寄存器型。

寄存器型变量与线网型变量的根本区别是：寄存器型变量需要被明确地赋值，并且在被重新赋值前一直保持原值。

3. 数组型变量

定义：由若干个相同宽度的寄存器型变量构成的数组。
- Verilog HDL 中通过由寄存器型变量构成的数组来对存储器建模。
- 数组型变量可描述 RAM、ROM 和 reg 文件。
- 数组型变量通过扩展寄存器型变量的地址范围来生成。

数组型变量定义的语法格式如下：

```
reg [n-1:0] 存储器名 [m-1:0];
```

或

```
reg [n-1:0] 存储器名 [m:1];    //每个存储单元位宽是 n，共有 m 个存储单元
```

例如：

```
reg [n-1:0] rega;              //一个 n 位寄存器
reg mega reg [n-1:0];          //由 n 个 1 位寄存器组成的存储器
```

用数组型变量建立存储器的模型，如对 2 个 8 位 RAM 建模，代码如下：

```
reg [7:0] Mem [1:0];
```

任务 2.2　操作 Verilog HDL 数据

掌握编程语言的数据存储格式后，下一个关键步骤就是学习数据的操作。本节介绍 Verilog HDL 的运算符。按照其操作数的数量，Verilog HDL 的运算符分为三大类。

1）单目运算符：带一个操作数，操作数在运算符的右边，如，!（逻辑非）、~（一元非）、缩减运算符。例如，! clk 或~clk。

2）双目运算符：带两个操作数，操作数分别在运算符的两边，如，算术运算符、关系运算符、等式运算符，以及逻辑运算符、位运算符的大部分。例如，a+b。

3）三目运算符：带三个操作数，用运算符隔开。例如，条件运算符：out=sel？in1：in2。

2.2.1　常用运算符

本节介绍算术运算符、关系运算符、等式运算符、逻辑运算符和条件运算符。

1. 算术运算符

常用的算术运算符主要是+（加法）、-（减法）、*（乘法）、/（除法）、%（求模或求余）。

在进行整数除法运算时，结果值略去小数部分，只取整数部分。%（求模运算符）两侧

均应为整型数据；求模运算结果的符号与第一个操作数的符号相同。例如：

```
-11%3;      //结果为-2
11%-3;      //结果为2
```

进行算术运算时，若某操作数为不定值 x，则整个结果也为 x。

2．关系运算符

关系运算符有：>（大于）、<（小于）、>=（不小于）、<=（不大于）。

运算结果为 1 位的逻辑值 1、0 或 x。进行关系运算时，若关系为真，则返回值为 1；若关系为假，则返回值为 0；若某操作数为不定值 x，则返回值为 x。例如：

```
23>45;          //结果为假（0）
52<8'hxFE;      //结果为 x
```

所有的关系运算符的优先级相同。关系运算符的优先级低于算术运算符。

3．等式运算符

等式运算符有==（等于）、!=（不等于）、===（全等)、!==（不全等）。运算结果为 1 位的逻辑值 1、0 或 x。

==（等于）和===（全等）的区别如下。

1）使用等于运算符时，两个操作数必须逐位相等，结果才为 1；若某些位为 x 或 z，则结果为 x。

2）使用全等运算符时，若两个操作数的相应位完全一致（如同是 1、同是 0、同是 x、同是 z），则结果为 1；否则为 0。

等于运算符与全等运算符的真值表分别如表 2-1 和表 2-2 所示。

表 2-1　==（等于）的真值表

==	0	1	x	z
0	1	0	x	x
1	0	1	x	x
x	x	x	x	x
z	x	x	x	x

表 2-2　===（全等）的真值表

===	0	1	x	z
0	1	0	0	0
1	0	1	0	0
x	0	0	1	x
z	0	0	x	0

例如：

```
if（A==1'bx）  $display ("AisX");   //当 A 是 x 时，等于运算结果是 x，不执行 display 语句
if（A===1'bx） $display ("AisX");   //当 A 是 x 时，等于运算结果是 1，执行 display 语句
```

4．逻辑运算符

逻辑运算符有&&（逻辑与）、||（逻辑或）、!（逻辑非）。

逻辑运算符把它的操作数当作布尔变量，非零的操作数被认为是真，零被认为是假，不确定的操作数如 4'bxx00 被认为是不确定的，可能是真也可能是假，记为不确定 x，但 4'bxx11 被认为是真，因为它肯定是非零的。

逻辑运算符的操作数是逻辑值真或者假。逻辑运算符的结果为 0 或者 1。逻辑运算符的真值表如表 2-3 所示。

表 2-3 逻辑运算符的真值表

a	b	!a	!b	a&&b	a||b
真	真	0	0	1	1
真	假	0	1	0	1
假	真	1	0	0	1
假	假	1	1	0	0

5．条件运算符

条件运算符根据条件表达式的真假选择表达式，其一般格式如下。

条件？表达式 1：表达式 2

条件运算符就是根据所设置的"条件"选择使用表达式的值。当条件为真时，选取表达式 1 的值；当条件为假时，选取表达式 2 的值。项目 1 的二选一数据选择器代码中使用的就是条件表达式。

2.2.2 实用位运算符

本节主要介绍位运算符、缩减运算符、移位运算符和位拼接运算符。它们的共同特点是对位数据进行操作。

1．位运算符

位运算符有～（一元非）、&（二元与）、|（二元或）、^（二元异或）、~^和^~（二元异或非即同或）。

位运算的结果的位数与操作数的位数相同。位运算符中的双目运算符要求对两个操作数的相应位逐位进行运算，两个不同长度的操作数进行位运算时，将自动按右端对齐，位数少的操作数会在高位用 0 补齐。例如：

A=5'b11001；B=3'b101；
A&B=（5'b11001）&（5'b00101）=5'b00001；

2．缩减运算符

缩减运算符有&（与）、~&（与非）、|（或）、~|（或非）、^（异或）、~^和^~（同或）。

缩减运算符的运算法则与位运算符类似，但运算过程不同：缩减运算符在单一操作数的所有位上操作，并产生 1 位结果。对单个操作数进行递推运算，即先将操作数的最低位和次低位进行与、或、非运算，再将运算结果与次次低位进行相同的运算，以此类推。从右至左，直至最高位，运算结果缩减为 1 位二进制数。例如：

```
        reg [3:0] a;
        b=|a;                       //等同于 b=（(a[0]|a[1])|a[2]）|a[3]
```

3. 移位运算符

移位运算符有两个：>>（右移）、<<（左移）。

其用法为 A>>n 或 A<<n，表示将操作数 A 右移或者左移 n 位，同时用 n 个 0 填补移出的空位。将操作数右移或者左移 n 位，相当于将操作数除以或乘以 2^n。例如：

```
        4'b1001>>3=4'b0001；
        4'b1001>>4=4'b0000；
        4'b1001<<1=5'b10010；
        4'b1001<<2=6'b100100；
```

4. 位拼接运算符

位拼接运算符用于将两个或多个信号的某些位拼接起来，表示一个信号。例如：

```
        {4{w}}                      //等同于{w, w, w, w}
```

还可以用嵌套方式简化，例如：

```
        {b, {2{a, b}}}              //等同于{b, {a, b}, {a, b}}，也等同于{b, a, b, a, b}
```

循环移位流水灯的实现代码中有：

```
        led=8'b0000_0001；
        led={led[6:0], led[7]}；    //相当于 0000_0010
```

Verilog 运算符优先级列表见附录。

任务 2.3　创建 Verilog HDL 程序

学习了 Verilog HDL 代码中的数据存储和数据运算后，本节介绍 Verilog HDL 程序的结构要素。在数字电路设计中，数字电路可简单归纳为两种元素：连线和元器件。Verilog HDL 的建模，实际上就是使用 Verilog HDL 语言对数字电路两种基本元素的特性及相互之间的关系进行描述的过程。

2.3.1　Verilog HDL 程序的基本结构

模块（module）是 Verilog HDL 的基本描述单位，用于描述某个设计的功能或结构及其与其他模块通信的外部端口。以组合逻辑门电路代码为例：

```
        module design1(a,b,c,d);    //端口定义
            intput a,b,c;           //输入端口
            output d;               //输出端口
```

```
        wire x;                    //信号类型声明
        assign d=a|x;              //功能描述
        assign x=(b&~c);
    endmodule
```

整个 Verilog HDL 程序嵌套在 module 和 endmodule 声明语句之间。每条语句相对 module 和 endmodule 缩进 2 格或 4 格。"//……"表示注释部分，一般只占据一行。

Verilog HDL 模块的结构由 module 和 endmodule 关键词之间的四部分组成：端口定义、I/O 说明、内部信号说明和功能描述。

1. 端口定义

端口定义格式：

```
    module 模块名（端口1，端口2，端口3，…）;
```

模块的端口表示该模块的 I/O 口名，也就是与其他模块联系的端口标识。在引用模块时，其端口可用两种方法连接。

1）严格按照模块定义的端口顺序连接，不必标明原模块定义时规定的端口名，如：

```
    模块名（连接端口1信号名，连接端口2信号名，…）;
```

2）在引用时用"."，标明原模块是定义时规定的端口名，如：

```
    模块名（.原端口1（连接信号1名），.原端口2（连接信号2名），…）;
```

这种引用方法的优点在于可以使端口名与被引用模块的端口相对应，而不必严格按端口顺序对应，提高了程序的可读性和可移植性。

2. I/O 说明

I/O 说明的格式：

```
    输入端口：input[信号位宽-1：0]端口名1；  input[信号位宽-1:0]端口名2;
    输出端口：output[信号位宽-1：0]端口名1； output[信号位宽-1:0]端口名2;
```

必须具体说明所有端口的输入和输出类型。

3. 内部信号说明

内部信号说明格式：

```
    reg[width-1：0] R 变量1，R 变量2，…;
    wire[width-1：0] W 变量1，W 变量2，…;
```

在模块内用到的与端口有关的线网型和寄存器型变量的声明。

4. 功能描述

在 Verilog HDL 模块中有三种方法可以描述电路的逻辑功能，具体如下。

1）用 assign 语句：

```
        assign x=（b&~c）;              //连续赋值语句，常用于描述组合逻辑
```

2）用元件例化：

```
        and myand3（f，a，b，c）;       //门元件例化
```

元件例化即调用 Verilog HDL 提供的元件，它包括门元件例化和模块元件例化。

 注意：每个示例元件的名称必须唯一。

3）用 always 语句：

```
        always@(posedge clk);           //当时钟上升沿到来时，执行一遍块内语句
            begin
                if(load)
                    out = data;         //同步置数
                else
                    out = data+1+cin;   //加 1 计数
            end
```

always 语句一般用于时序逻辑电路。

2.3.2　Verilog 模型创建

在 Verilog HDL 的建模中，建模方式主要有结构化描述、数据流描述和行为描述三种。下面以二选一数据选择器为例，分别说明三者之间的区别。

说明：下面的讨论统一规定二选一数据选择器的数据输入是 a 和 b，选择位输入是 sel，数据输出是 out。二选一数据选择器根据选择位输入 sel 的高低，分别将 a 或者 b 送到数据输出端。

1．结构化描述方式

结构化描述方式就是通过对电路结构（见图 2-1）的描述来建模，即通过对元器件的调用（例化），并使用线网来连接各元器件的描述方式。结构化描述方式反映了一个设计的层次结构。

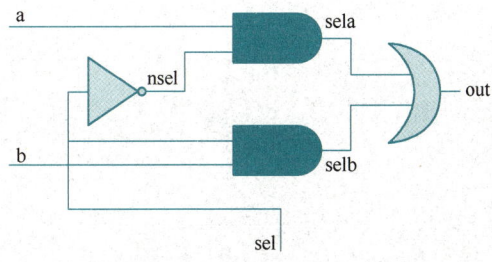

图 2-1　二选一数据选择器的电路结构图

```
`timescale 1ns/1ns
module muxtwo(
    input a,
    input b,
    input sel,
    output out
    );
    wire nsel,sela,selb;
    not u1(nsel,sel);
    and #1 u2(sela,a,nsel);
    and #1 u3(selb,b,sel);
    or #2 u4(out,sela,selb);
endmodule
```

2. 数据流描述方式

数据流描述方式是通过对数据流在设计中的具体行为的描述来建模。在此方式中，必须利用 Verilog HDL 提供的一些运算符，如按位逻辑运算符。

```
module muxtwo(
    input a,
    input b,
    input sel,
    output out
    );
    assign out=(a&(~sel))|(b&sel);
endmodule
```

3. 行为描述方式

行为描述方式是指通过行为级描述（不是结构性的描述）对信号进行建模。该建模方式通常需要借助一些行为级运算符，如加法运算符（+）、减法运算符（-）等。

```
module muxtwo(
    input a,
    input b,
    input sel,
    output reg out
    );
    always @ (*)
    begin
        if(!sel)
            out=a;
        else
            out=b;
    end
endmodule
```

说明：Verilog HDL 功能模块设计完成后，并不代表设计工作的结束，还需要对设计进行仿真验证。在 RTL 逻辑设计中，要学会根据硬件逻辑来编写测试程序，即编写 Testbench。编写 Testbench 的主要目的是对使用硬件描述语言（HDL）设计的电路进行仿真验证，测试设计电路的功能、部分性能是否与预期的目标相符。一个完整的 Testbench 包含下列几个部分。
- module 的定义，一般无 I/O 口。
- 信号的定义，输入的定义为 reg 型，输出的定义为 wire 型。
- 实例化待测的模块。
- 提供测试激励。

任务 2.4　门电路的设计与验证

逻辑门是集成电路的基本组件。通过由晶体管或 MOS 管组成的简单逻辑门，可以对输入信号的电平状态（高电平或低电平）进行简单的逻辑运算。简单逻辑门组合起来，可以实现更复杂的逻辑功能，是超大规模集成电路的基础。

在开始进行基本门电路设计之前，本节先介绍一些基础的 Verilog HDL 的语法规则。

1. 标识符

标识符用于定义模块名、端口名、信号名等。Verilog HDL 中的标识符可以是任意一组字母、数字、$和_（下画线）的组合，但标识符的首字符必须是字母或者下画线。另外，Verilog HDL 的标识符是区分大小写的。

Verilog HDL 定义了一系列保留的标识符，称为关键字。关键字一律采用小写字母书写。例如，标识符 always（关键字）与标识符 ALWAYS（非关键字）是完全不同的。

Verilog HDL 也支持转义标识符，用来打印任意字符。转义标识符以"\"开头，以空白字符结尾。

2. 注释

为了方便对代码进行修改或便于他人阅读代码，设计人员通常会在代码中加入注释。Verilog HDL 中有两种注释方法：一种是以"/*"符号开始，以"*/"符号结束，在两个符号之间的语句都是注释语句，因此支持多行注释；另一种是以"//"作为开头的语句，它表示从"//"开始到本行结束的所有内容都属于注释语句，一般用于单行注释。

2.4.1　多输入门电路的设计与验证

多输入门电路只有单一输出端，但有单一或多个输入端。本节以三输入与门电路为例介绍多输入门电路的设计与验证。

2.4.1
多输入门电路的设计与验证

1. 源程序代码

在 Verilog HDL 中，模块的描述一般位于关键字 module 和 endmodule 之间。

1)端口定义。三输入与门有 a、b、c、f 四个端口,其中,a、b、c 是输入端口,f 是输出端口。除了定义端口,还要给模块命名,以便于描述其功能。为了与 Verilog HDL 自带的门级函数区分开,可以给模块名加上数字,比如 and3。

```
and3(a,b,c,f);
```

2)定义输入/输出端口属性。代码如下。

```
input a,b,c;
output f;
```

3)内部信号说明。一般组合逻辑信号定义为线网型,时序逻辑信号定义为寄存器型。一般系统默认为线网型,可以不用标识。

4)功能描述。这是最重要的部分,也是描述的核心。可以根据逻辑表达式、真值表、特性方程、功能特点等对模块功能进行描述。对于基本门电路,主要涉及与、或、非、异或等逻辑运算,用到的运算符有 &、|、~、^等。三输入与门电路的描述代码如下。

```
f=a&b&c;
```

5)将上述分析结果放在 module 和 endmodule 之间,构成完整的三输入与门电路的 Verilog HDL 描述。

```
module and3(
    input a,          //a,b,c 为输入信号
    input b,
    input c,
    output f);        //f 为输出信号
    assign f = a&b&c; //功能描述语句,对三个输入端口求与,并赋值给输出端口
endmodule
```

2. 仿真验证代码

仿真验证代码的概述如下:首先,将仿真模块的输入定义为寄存器型,输出定义为线网型。然后,对实例化被测模块,需要再加上一个 initial 块作为信号激励。对于三输入与门电路的仿真模块,可以借助它的真值表来编写 initial 块中的激励信号。真值表如表 2-4 所示。

表 2-4 三输入与门电路的真值表

输入 a	输入 b	输入 c	输出 f
0	0	0	0
0	0	1	0
0	1	0	0
0	1	1	0
1	0	0	0
1	0	1	0
1	1	0	0
1	1	1	1

三输入与门电路的仿真验证代码如下。

```verilog
`timescale 1ns / 1ps
module and3_tb();
    reg a,b,c;              //a，b，c 输入信号定义为寄存器型
    wire f;                 //f 输出信号定义为线网型
    and3 u1(a,b,c,f);       //三输入与门实例化
    initial
    begin
        a=0;b=0;c=0;
        #10 a=0;b=0;c=1;
        #10 a=0;b=1;c=0;
        #10 a=0;b=1;c=1;
        #10 a=1;b=0;c=0;
        #10 a=1;b=0;c=1;
        #10 a=1;b=1;c=0;
        #10 a=1;b=1;c=1;
    end
endmodule
```

按照项目 1 介绍的 Vivado 操作流程，建立工程并输入功能模块和仿真验证代码，仿真后即可得到如图 2-2 所示的仿真波形。

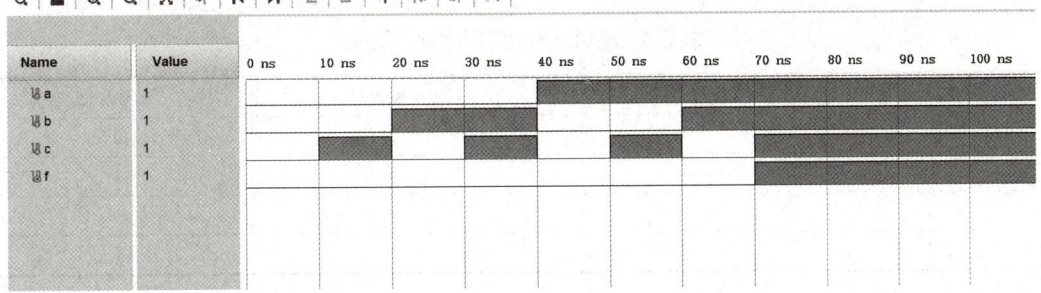

图 2-2　三输入与门电路的仿真波形

2.4.2　多输出门电路的设计与验证

多输出门电路是指有多个输出端的门电路。本节以两输入与或门为例，介绍多输出门电路的设计与验证。

1. 源程序代码

1）端口定义。两输入与或门有 a、b、f1、f2 四个端口，其中，a、b 是输入端口，f1 是与输出端口，f2 是或输出端口。除了定义端口，还要给模块命名，以便于描述其功能，比如 out2。

```
out2(a,b,f1,f2);
```

2）定义输入/输出端口属性。代码如下。

```
input a,b;
output f1,f2;
```

3）功能描述。两输入与或门的描述代码如下。

```
f1=a&b;
f2=a|b;
```

4）将上述分析结果放在 module 和 endmodule 之间,构成完整的两输入与或门电路的 Verilog HDL 描述。

```
module out2(
    input a,              //a、b 为输入信号
    input b,
    output f1,            //f1 为与门输出信号
    output f2);           //f2 为或门输出信号
    assign f1 = a&b;      //功能描述语句,对两个输入端口求与,然后赋值给输出端口 f1
    assign f2 = a|b;      //功能描述语句,对两个输入端口求或,然后赋值给输出端口 f2
endmodule
```

2. 仿真验证代码

两输入与或门电路的真值表如表 2-5 所示。

表 2-5 两输入与或门电路的真值表

输入 a	输入 b	与输出 f1	或输出 f2
0	0	0	0
0	1	0	1
1	0	0	1
1	1	1	1

两输入与或门电路的仿真验证代码如下。

```
`timescale 1ns / 1ps
module out2_tb();
    reg a,b;              //a,b 为输入信号,定义为 reg 型
    wire f1,f2;           //f1 是与输出信号,定义为 wire 型, f2 是或输出信号,定义为 wire 型
    out2 u1(a,b,f1,f2);
    initial
    begin
        a=0;b=0;
        #10 a=0;b=1;
        #10 a=1;b=0;
        #10 a=1;b=1;
```

```
          end
      endmodule
```

按照项目 1 介绍的 Vivado 操作流程，建立工程并输入功能模块和仿真验证代码，仿真后即可得到如图 2-3 所示的仿真波形。

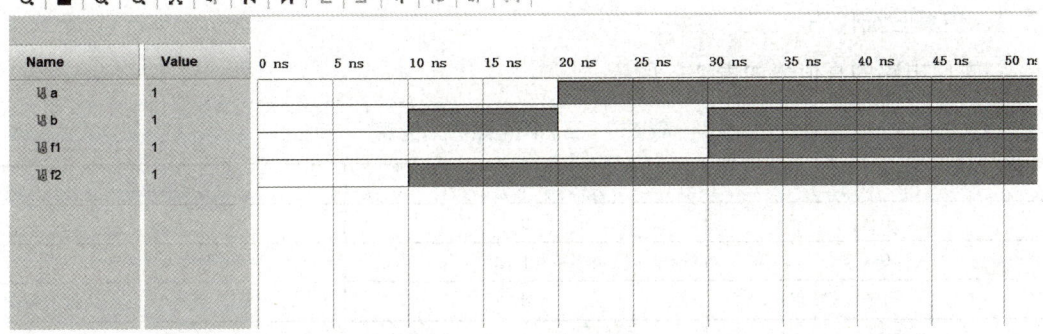

图 2-3 两输入与或门电路的仿真波形

2.4.3 三态门电路的设计与验证

2.4.3
三态门电路的
设计与验证

三态门电路是一种具有三种状态的逻辑门，其输出状态包括：逻辑高电平（1）、逻辑低电平（0）以及高阻态（z）。为高阻态时，输出端呈断路，类似于"悬空"。这种状态通常用于总线系统中，使得多个设备共享同一条总线而不会发生冲突。

三态门的输出状态一般通过一个使能信号（EN）来控制。当 EN = 1 时，输出为输入信号的逻辑值；当 EN = 0 时，输出为高阻态（z）。

1. 源程序代码

1）端口定义。三态门有 in、en、out 三个端口，其中，in 是信号输入端口，en 是使能输入端口，out 是输出端口。除了定义端口，还要给模块命名，以便于描述其功能，比如 state3。

```
      state3(in,en,out);
```

2）定义输入/输出端口属性。代码如下。

```
      input in,en;
      output out;
```

3）功能描述。三态门的描述代码如下。

```
      assign out = en ? in : 1'bz;
```

4）将上述分析结果放在 module 和 endmodule 之间，构成完整的三态门电路的 Verilog HDL 描述。

```
      module state3(
```

```
        input in,              //in 是数据输入信号
        input en,              //en 是使能输入信号
        output out);           //out 是输出信号
        assign out = en ? in : 1'bz; //功能描述语句，根据使能输入端 en 的值，决定输出端口的值
endmodule
```

2. 仿真验证代码

三态门电路的真值表如表 2-6 所示。

表 2-6　三态门电路的真值表

输入 en	输入 in	输出 out
0	0	z
0	1	z
1	0	0
1	1	1

三态门电路的仿真验证代码如下。

```
`timescale 1ns / 1ps
module state3_tb();
    reg in,en;         //in 是输入信号，定义为 reg 型，en 是使能输入信号，定义为 reg 型
    wire out;          //out 是输出信号，定义为 wire 型
    state3 u1(in,en,out);
    initial
    begin
            en=0;in=0;
        #10 en=0;in=1;
        #10 en=1;in=0;
        #10 en=1;in=1;
    end
endmodule
```

按照项目 1 介绍的 Vivado 操作流程，建立工程并输入功能模块和仿真验证代码，仿真后即可得到如图 2-4 所示的仿真波形。

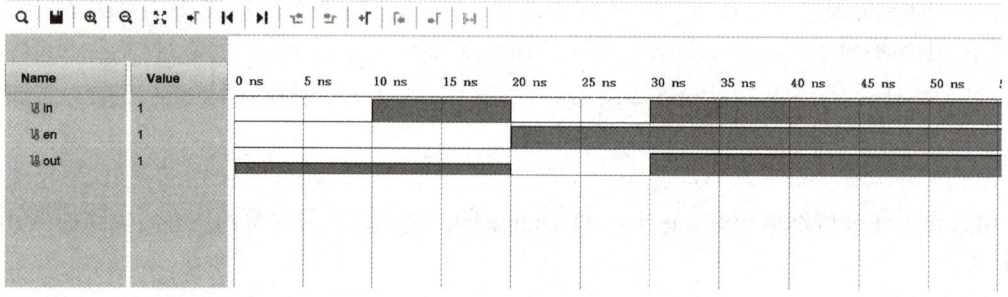

图 2-4　三态门电路的仿真波形

任务 2.5 加法器的设计与验证

在数字电路中,加法器是最基本、最常见的运算单元。本节介绍加法器的设计与验证方法。根据是否考虑进位输入,加法器又分为半加器和全加器,其中半加器是指对两个输入的数据按位相加,输出一个结果位和进位;而全加器是在两个输入数据的基础上,再加一个进位输入,进而完成求和,输出结果位和进位。

2.5.1 半加器的设计与验证

半加器是不考虑进位输入的加法器,其设计与验证如下所述。

2.5.1 半加器的设计与验证

1. 源程序代码

1)端口定义。半加器有 a、b、s、co 四个端口,其中,a、b 是输入端口,s 是和输出端口,co 是进位输出端口。除了端口定义,还要给模块命名,以便于描述其功能,比如 half_adder。

    half_adder(a,b,s,co);

2)定义输入/输出端口属性。代码如下。

    input a,b;
    output s,co;

3)功能描述。半加器的描述代码如下。

    {co,s} = a+b;

说明:代码中使用了位拼接器,将和输出和进位输出拼接。

4)将上述分析结果放在 module 和 endmodule 之间,构成完整的半加器电路的 Verilog HDL 描述。

```
module half_adder(
    input a,            //a、b 为输入信号
    input b,
    output s,           //s 为和输出信号
    output co);         //co 为进位输出信号
    assign {co,s} = a+b;  //功能描述语句,将输入信号 a、b 求和,并将结果赋值给本位和以及
                          //进位输出
endmodule
```

2. 仿真验证代码

一位半加器的真值表如表 2-7 所示。

表 2-7　一位半加器的真值表

输入		输出	
加数 a	加数 b	和 s	进位数 co
0	0	0	0
0	1	1	0
1	0	1	0
1	1	1	1

半加器电路模块的仿真验证代码如下。

```
`timescale 1ns / 1ps
module half_adder_tb();
    reg a,b;         //a、b 是输入信号,定义为 reg 型
    wire s,co;       //s 是和输出信号,定义为 wire 型, co 是进位输出信号,定义为 wire 型
    half_adder u1(a,b,s,co);
    initial
    begin
        a=0;b=0;
        #10 a=0;b=1;
        #10 a=1;b=0;
        #10 a=1;b=1;
    end
endmodule
```

按照项目 1 介绍的 Vivado 操作流程,建立工程并输入功能模块和仿真验证代码,仿真后即可得到如图 2-5 所示的仿真波形。

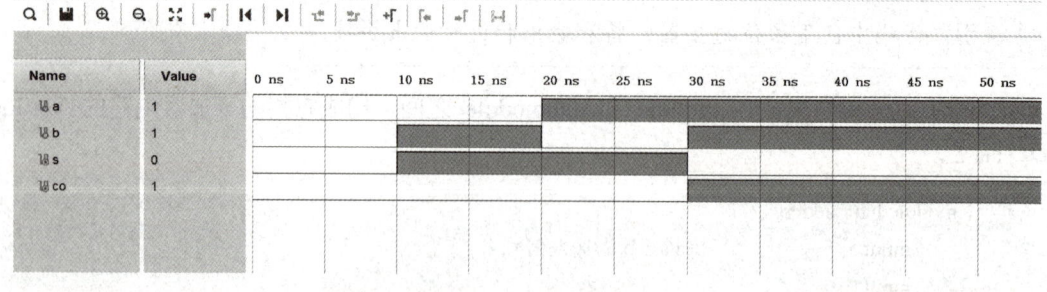

图 2-5　半加器的仿真波形

2.5.2 全加器的设计与验证

全加器是在半加器的基础上额外考虑输入进位的加法器,其设计与验证如下所述。

1. 源程序代码

1) 端口定义。全加器有 a、b、ci、s、co 五个端口,其中,a、b 是信号输入端口,ci 是

进位输入端口，s 是和输出端口，co 是进位输出端口。除了端口定义，还要给模块命名，以便于描述其功能，比如 full_adder。

  full_adder(a,b,ci,s,co);

2）定义输入/输出端口属性。代码如下。

  input a,b,ci;
  output s,co;

3）功能描述。全加器的描述代码如下。

  {co,s} = a+b+ci;

说明：代码中使用了位拼接器，将和输出和进位输出拼接。

4）将上述分析结果放在 module 和 endmodule 之间，构成完整的全加器的 Verilog HDL 描述。

```
module full_adder(
    input a,            //a、b 为输入信号
    input b,
    input ci,           //ci 为进位输入信号
    output s,           //s 为和输出信号
    output co);         //co 为进位输出信号
    assign {co,s} = a+b+ci;  //功能描述语句，将输入信号 a、b 与 ci 求和，然后赋值给本位和与进位输出
endmodule
```

2. 仿真验证代码

一位全加器的真值表如表 2-8 所示。

表 2-8　一位全加器的真值表

输入			输出	
加数 a	加数 b	进位 ci	和 s	进位数 co
0	0	0	0	0
0	0	1	1	0
0	1	0	1	0
0	1	1	0	1
1	0	0	1	0
1	0	1	0	1
1	1	0	0	1
1	1	1	1	1

全加器的仿真验证代码如下。

```verilog
`timescale 1ns / 1ps
module full_adder_tb();
    reg a,b,ci;           //a、b 是输入信号,定义为 reg 型;ci 是进位输入信号,定义为 reg 型
    wire s,co;            //s 是和输出信号,定义为 wire 型;co 是进位输出信号,定义为 wire 型
    full_adder u1(a,b,ci,s,co);
    initial
    begin
            a=0;b=0;ci=0;
        #10 a=0;b=0;ci=1;
        #10 a=0;b=1;ci=0;
        #10 a=0;b=1;ci=1;
        #10 a=1;b=0;ci=0;
        #10 a=1;b=0;ci=1;
        #10 a=1;b=1;ci=0;
        #10 a=1;b=1;ci=1;
    end
endmodule
```

按照项目 1 介绍的 Vivado 操作流程,建立工程并输入功能模块和仿真验证代码,仿真后即可得到如图 2-6 所示的仿真波形。

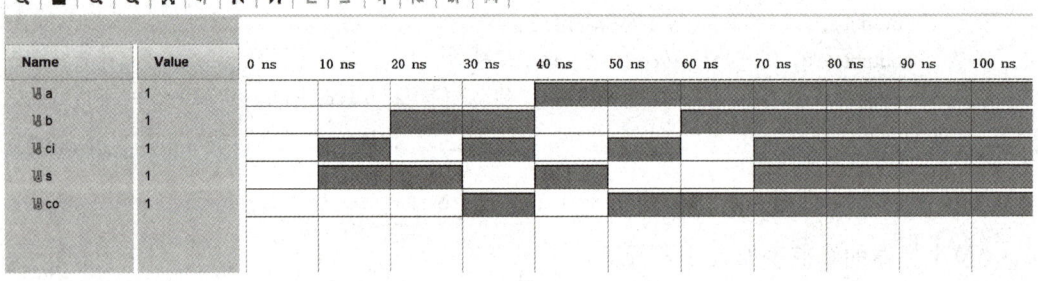

图 2-6 全加器的仿真波形

2.5.3 多位加法器的设计与验证

前文中实现的均是一位加法器,也就是说加数与和都是 1 位的数据。下面将在一位加法器的基础上,讨论多位加法器的设计与验证。

2.5.3
多位加法器的设计与验证

1. 源程序代码

1)端口定义。多位加法器有 a、b、ci、s、co 五个端口,其中,a、b 是输入信号,位宽是 4 位;ci 是进位输入;s 是和输出,位宽是 4 位;co 是进位输出。除了端口定义,还要给模块命名,以便于描述其模块,比如 full_adder。

```
full_adder(a,b,ci,s,co);
```

2) 定义输入/输出端口属性。代码如下。

```
input[3:0] a,b;
input ci;
output[3:0] s;
output co;
```

 注意：不同位宽的端口，要使用不同的定义语句。

3) 功能描述。多位加法器的描述代码如下。

```
{co,s} = a+b+ci;
```

 说明：代码中使用了位拼接器，将和输出、和进位输出拼接。

4) 将上述分析结果放在 module 和 endmodule 之间，构成完整的多位加法器的 Verilog HDL 描述。

```
module full_adder(
    input[3:0] a,              //a、b 为输入信号，位宽是 4 位
    input[3:0] b,
    input ci,                  //ci 为进位输入信号
    output[3:0] s,             //s 为和输出信号，位宽为 4 位
    output[3:0] co);           //co 为进位输出信号
    assign {co,s} = a+b+ci;    //功能描述语句，将输入信号 a、b 与 ci 求和，然后赋值给本位
                               //和与进位输出
endmodule
```

2. 仿真验证代码

多位加法器的仿真验证代码如下。

```
`timescale 1ns / 1ps
module full_adder_tb();
    reg[3:0] a,b;      //a、b 是输入信号，定义为 reg 型，位宽是 4 位
    reg ci;            //ci 是进位输入信号，定义为 reg 型
    wire[3:0] s;       //s 是和输出信号，定义为 wire 型，位宽是 4 位
    wire co;           //co 是进位输出信号，定义为 wire 型
    integer i,j;
    full_adder u1(a,b,ci,s,co);
    always #5 ci = ~ci;
    initial
    begin
        a=0;b=0;ci=0;
```

```
            for(i=1;i<16;i=i+1)
                #10 a=i;
        end
    initial
    begin
            for(j=1;j<16;j=j+1)
                #10 b=j;
        end
endmodule
```

按照项目 1 介绍的 Vivado 操作流程，建立工程并输入功能模块和仿真验证代码，仿真后即可得到如图 2-7 所示的仿真波形。

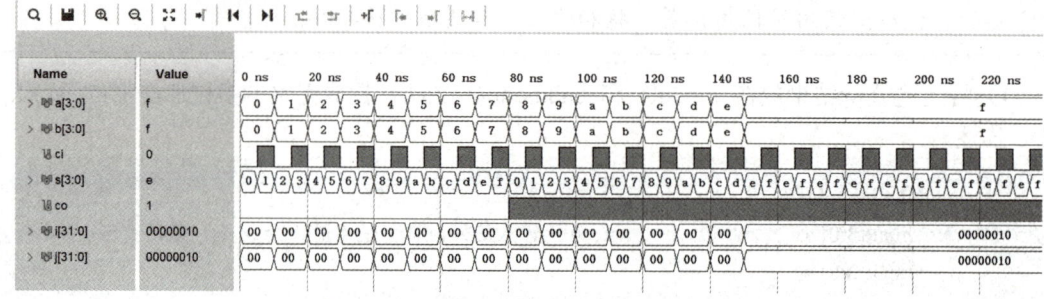

图 2-7 多位加法器的仿真波形

【项目实施】 多人表决器的设计与验证

基于多位加法器的设计原理，本节讨论加法器的典型应用——多人表决器。多人表决器是一种简单的数字逻辑电路，用于在多个输入信号中统计"赞成"（即高电平）的数量，并根据统计结果生成最终的表决结果。常见的逻辑规则为：统计输入高电平的总和，如果总和超过总人数的 50%，则认为多数同意。

项目 2
【项目实施】
多人表决器的
设计与验证

1. 源程序代码

1）端口定义。多人表决器模块有 v1、v2、v3、v4、v5、decision 六个端口，其中 v1~v5 是 5 位候选人的投票输入，分别是 1 位 1 或者 0；decision 是多人表决结果输出。除了端口定义，还要给模块命名，以便于描述其功能，比如 voter。

```
voter (v1,v2,v3,v4,v5,decision);
```

2）定义输入/输出端口属性。代码如下。

```
input v1,v2,v3,v4,v5;
output decision;
```

3）内部信号说明。中间变量 vote_cnt 用于对 5 个候选人的投票结果求和，其取值范围是 0～5，所以开辟 3 位变量存放，代码如下。

```
wire[2:0] vote_cnt;
```

4）功能描述。多人表决器的描述代码如下。

```
assign vote_cnt=v1+v2+v3+v4+v5;
assign decision=(vote_cnt>=3)?1'b1:1'b0;
```

说明：首先将 5 位候选人的选票求和，然后使用条件运算符判断该和是否大于或等于 3（5 人的半数），如果超过 3 人，则将"1"赋值给输出 decision，表示通过；否则将"0"赋值给输出 decision，表示不通过。

5）将上述分析结果放在 module 和 endmodule 之间，构成完整的多人表决器的 Verilog HDL 描述。

```
module voter(
    input v1,        //v1、v2、v3、v4、v5 是 5 个候选人的投票输入，1 代表同意，0 代表不同意
    input v2,
    input v3,
    input v4,
    input v5,
    output decision);   //decision 是表决结果输出信号，1 代表通过，0 代表不通过
    wire[2:0] vote_cnt;
    assign vote_cnt=v1+v2+v3+v4+v5;           //将 5 位候选人的投票结果相加，赋值给中间变量
    assign decision=(vote_cnt>=3)?1'b1:1'b0;  //根据中间变量是否超过 3，决定投票结果
endmodule
```

2．仿真验证代码

多人表决器电路模块的仿真验证代码如下。

```
`timescale 1ns / 1ps
module voter_tb();
    reg v1,v2,v3,v4,v5;        //v1、v2、v3、v4、v5 是 5 个候选人的投票输入，定义为 reg 型
    wire decision;              //decision 是表决结果输出，定义为 wire 型
    voter u1(v1,v2,v3,v4,v5,decision);
    initial
    begin
        //测试用例 1：无赞成票
        v1 = 0; v2 = 0; v3 = 0; v4 = 0; v5 = 0;
        //测试用例 2：1 票赞成
        #10 v1 = 1; v2 = 0; v3 = 0; v4 = 0; v5 = 0;
        //测试用例 3：3 票赞成
        #10 v1 = 1; v2 = 1; v3 = 1; v4 = 0; v5 = 0;
```

```
            //测试用例 4：5 票赞成
            #10 v1 = 1; v2 = 1; v3 = 1; v4 = 1; v5 = 1;
        end
    endmodule
```

按照项目 1 介绍的 Vivado 操作流程，建立工程并输入功能模块和仿真验证代码，仿真后即可得到如图 2-8 所示的仿真波形。可以看到，当投赞成票（输入 1）的人数超过 50% 时，输出 decision 为 1，代表同意。

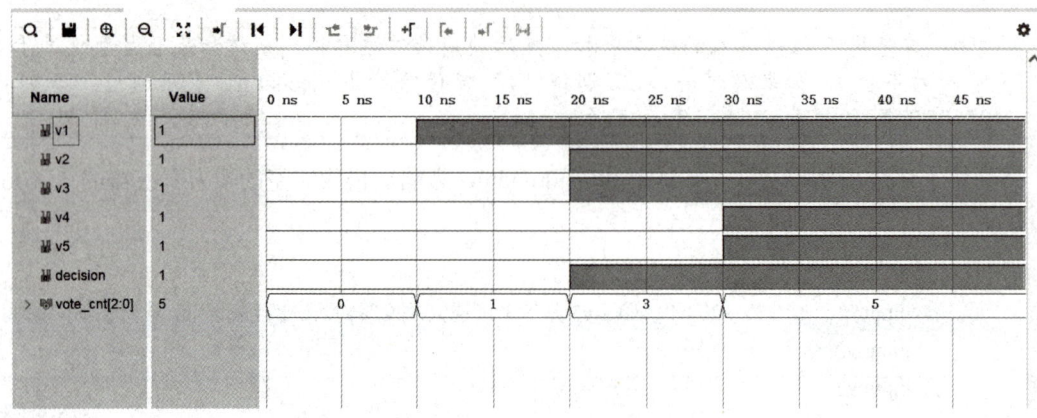

图 2-8　多人表决器的仿真波形

【项目评价】

项目名称：　　　　　　　　　　　　项目承接人姓名：　　　　　　日期：
多人表决器的设计与验证

项目要求	得分标准	得分情况
项目分析（10 分） 项目分析合理，项目准备单填写准确	项目准备单填写合理性评价（每合理 1 条得 1 分，满分 10 分）	
关键要求一（20 分） 理解组合逻辑电路特性	1. 能正确描述组合逻辑电路特性（5 分） 2. 能解释 Verilog HDL 基础语法（5 分） 3. 能分析典型组合逻辑模块原理（5 分） 4. 能说明仿真验证的基本概念（5 分）	
关键要求二（20 分） 实现组合逻辑模块设计	1. 能完成加法器设计与验证（5 分） 2. 能完成门电路设计与验证（5 分） 3. 能完成多人表决器设计与验证（5 分） 4. 能使用 Vivado 进行仿真调试（5 分）	
关键要求三（15 分） 工程规范与优化	1. 代码符合 Verilog 规范（5 分） 2. 能进行代码优化（5 分） 3. 能排查常见设计错误（5 分）	
项目汇报（15 分） 汇报与展示	1. 汇报内容清晰（5 分） 2. 演示波形分析过程（5 分） 3. 材料完整规范（5 分）	
职业道德和职业技能能力（10 分）	1. 按时完成项目进度（5 分） 2. 团队协作表现良好（5 分）	
创新创意（附加 10 分）	提出创新性优化方案（如逻辑简化、资源复用等），每个有效创新点加 2 分，最高 10 分	

习题

简答题

1. 线网型变量和寄存器型变量的不同是什么？
2. 位操作符有哪几种？它们的运算法则分别是什么？
3. 设计并验证一个 8 位全加器。
4. 设计并验证一个 9 人表决器。

项目 3　花样流水灯的设计与验证

花样流水灯凭借其动态变幻的光影效果与高度可编程的特性，在装饰、警示、交互等多个领域展现出卓越的实用性。其核心价值在于通过 LED 灯珠的逐次点亮、色彩渐变或模式切换（如波浪、追逐、闪烁等），营造出强烈的视觉流动感与科技氛围。在商业场景中，流水灯被广泛应用于店铺招牌、橱窗展示等，动态光效能迅速吸引行人注意力，提升品牌曝光度；在智能家居领域，流水灯可作为氛围照明，与音乐节奏或智能家居系统联动，调节室内氛围（如派对模式、观影模式）。此外，其低功耗、长寿命的特性与模块化设计，使得安装维护极为便捷。城市景观照明舞台特效，花样流水灯以低成本、高娱乐性和强大的环境适应性，成为融合功能性与艺术性于一体的光电解决方案。

知识目标	技能目标	素养目标
✧ 掌握 D 触发器的基本结构、工作原理及同步/异步清零、置位功能的作用 ✧ 熟悉二进制与非二进制加法计数器的设计原理及状态转换规律 ✧ 了解时序逻辑电路的仿真方法（如时钟边沿触发、复位信号验证） ✧ 掌握 always 块、信号赋值时序的编码规范	✧ 掌握 D 触发器的设计与验证方法 ✧ 掌握加、减法计数器的设计与验证方法 ✧ 掌握流水灯的设计与验证方法	✧ 具备工程规范意识 ✧ 提升逻辑分析能力 ✧ 具备团队协作意识 ✧ 具备安全意识

【思维导图】

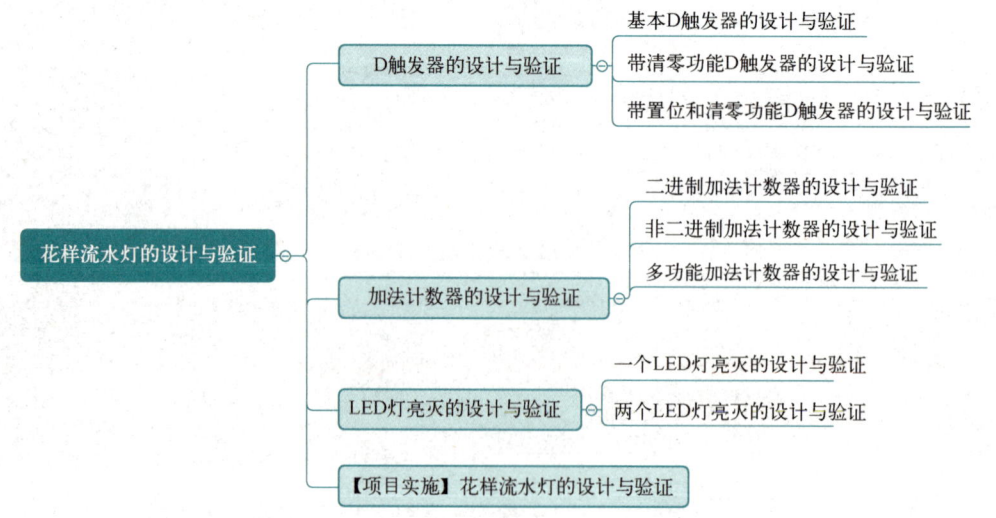

任务 3.1　D 触发器的设计与验证

3.1.1　基本 D 触发器的设计与验证

D（Data）触发器是数字电路中的一种基本存储单元，它能够保存一个位（bit）的信息。在时钟脉冲的作用下，其输出会跟随输入数据变化。D 触发器是数字系统设计中非常重要的组件，其应用广泛，涵盖各种逻辑电路和计算机系统。

1. 基本 D 触发器的基本工作原理

端口：基本 D 触发器有一个数据输入端 D，一个时钟输入端 clk，一个输出端 Q。

状态转换：当时钟信号 clk 从低电平变为高电平（或在某些设计中从高电平变为低电平，这取决于触发器的类型是上升沿触发还是下降沿触发），D 触发器的输出端 Q 将会根据此时输入端 D 的数据改变其状态。如果 D 为 1，则 Q 在下一个时钟周期变为 1；如果 D 为 0，则 Q 在下一个时钟周期变为 0。

存储功能：没有时钟脉冲时，D 触发器的输出端 Q 保持其上一个状态不变，实现了信息的存储。

2. 源程序代码

```verilog
module D_FlipFlop (
    input clk,              //时钟信号
    input reset,            //复位信号，高电平有效
    input D,                //输入数据
    output reg Q            //输出数据，定义为 reg 型
);
always @(posedge clk or posedge reset) begin
    if (reset)
      begin
        Q <= 0;             //复位时将输出置为 0
      end
  else
    begin
        Q <= D;             //时钟上升沿时，将输入数据 D 存储到 Q
    end
end
endmodule
```

3. 仿真验证代码

使用仿真工具 Vivado 对基本 D 触发器进行仿真验证。一个简单的测试平台

（Testbench）的 Verilog 代码如下。

```verilog
module Testbench;
reg clk;
reg D;
wire Q;
//实例化 D 触发器
D_FlipFlop uut (
        .clk(clk),
        .D(D),
        .Q(Q)
);
initial begin
        //初始化信号
        clk = 0;
        reset = 1;
        D = 0;
        //等待一段时间进行复位
        #10;
        reset = 0;
        //进行测试
        #10 D = 1; #10 D = 0; #10 D = 1; #10 D = 0;
        //停止仿真
        #10 $stop;
    end
//时钟信号生成
always #5 clk = ~clk;
endmodule
```

源程序中的 initial 块的另一种写法为：

```verilog
initial
begin
clk = 0;
forever #5 clk = ~clk; //生成 10ns 周期的时钟信号（时间单位为 1ns）
end
initial
begin
//初始化信号
        D = 0;
        //等待一段时间进行复位
        #10;
        //进行测试
        #10 D = 1; #10 D = 0; #10 D = 1; #10 D = 0;
```

```
        //停止仿真
        #10 $stop;
    end
    endmodule
```

> **说明**：声明了与 D 触发器相连接的信号，并实例化了 D 触发器。使用 initial 块来初始化时钟信号，产生一个周期为 10ns 的时钟。另一个 initial 块用于应用测试向量，改变输入端 D 的值，并观察输出端 Q 的变化情况。

4．仿真波形

使用 Verilog 模拟器 Vivado Simulator 来运行这个测试平台。通过运行仿真，可以观察 D 和 Q 的信号波形，验证基本 D 触发器是否在时钟上升沿正确地将 D 的数据存储并输出，并且在复位信号为高时是否将 Q 复位为 0。基本 D 触发器的仿真波形如图 3-1 所示。

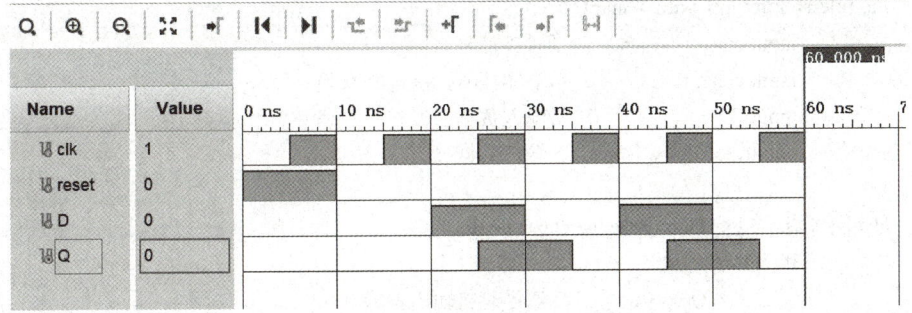

图 3-1　基本 D 触发器的仿真波形

从图中可以看到，时钟周期为 10ns，当时钟上升沿到来时，就把信号 D 的数据从输出端口输出。

3.1.2　带清零功能 D 触发器的设计与验证

带清零功能 D 触发器在数字电路设计中十分常见，它在普通 D 触发器的基础上增加了一个清零输入，使得可以在特定条件下将触发器的输出重置为 0。这种触发器不仅能在时钟脉冲的作用下存储输入数据，还能在接收到清零信号时将输出置为预定义的状态（通常是 0）。

3.1.2
带清零功能 D
触发器的设计
与验证

1．基本工作原理和工作过程

（1）基本工作原理

D 输入：数据输入端，用于接收输入数据。

时钟输入：时钟信号 clk，控制触发器的操作。当时钟信号发生边沿变化（通常是上升沿或下降沿）时，触发器会采样输入端 D 的数据。

输出：触发器的输出端 Q 将在时钟边沿之后反映出输入端 D 的数据。对于正边沿触发的触发器，输出将在时钟信号由低电平向高电平变化时更新；对于负边沿触发的触发器，输出会在时钟信号由高电平向低电平变化时更新。

清零输入：带清零功能 D 触发器增加了一个清零输入端 clear，当这个输入端被激活（通常是低电平）时，无论时钟信号如何，触发器的输出都会被强制设置为 0。

（2）工作过程

在正常操作模式下，触发器会在时钟信号指定边沿变化，对输入端 D 的数据采样，并将其传输到输出端 Q。

如果清零输入被激活，触发器会立即将输出端 Q 置为 0，不受时钟信号或输入端 D 当前状态的影响。

清零输入通常具有更高的优先级，意味着即使时钟信号正处于变化状态，如果清零输入被激活，输出端 Q 将被清零。

2. 源程序代码

```verilog
module D_FlipFlop_with_Clear (
    input clk,           //时钟信号
    input clear,         //清零信号，高电平有效
    input D,             //输入数据
    output reg Q         //输出数据
);
    always @(posedge clk or posedge clear) begin
        if (clear) begin
            Q <= 0;      //清零时将输出置为 0
        end
        else begin
            Q <= D;      //时钟上升沿时，将输入数据 D 存储到 Q
        end
    end
endmodule
```

3. 仿真验证代码

为了验证带清零功能 D 触发器，可以编写一个测试平台（Testbench）。测试平台的 Verilog 代码示例如下：

```verilog
module Testbench_D_FlipFlop_with_Clear;
    reg clk;
    reg clear;
    reg D;
    wire Q;
    //实例化带清零功能的 D 触发器
    D_FlipFlop_with_Clear uut (
        .clk(clk),
        .clear(clear),
        .D(D),
```

```verilog
        .Q(Q)
);
initial begin
    //初始化信号
    clk = 0;
    clear = 1;
    D = 0;
    //等待一段时间进行复位（清零）
    #10;
    clear = 0;

    //进行测试
    #10 D = 1; #10 D = 0; #10 D = 1; #10;
    //触发清零信号
    clear = 1;
    #10;
    //清除清零信号并继续测试
    clear = 0;
    #10 D = 0; #10 D = 1; #10;
    //停止仿真
    $stop;
end
//时钟信号生成
always #5 clk = ~clk;
endmodule
```

4. 仿真波形

使用 Verilog 模拟器 Vivado Simulator 来运行这个测试平台。通过运行仿真，可以观察 D 和 Q 的信号波形，验证带清零功能 D 触发器是否在时钟上升沿正确地将 D 的数据存储并输出，并且在清零信号为高电平时，是否将 Q 清零。带清零功能 D 触发器的仿真波形如图 3-2 所示。

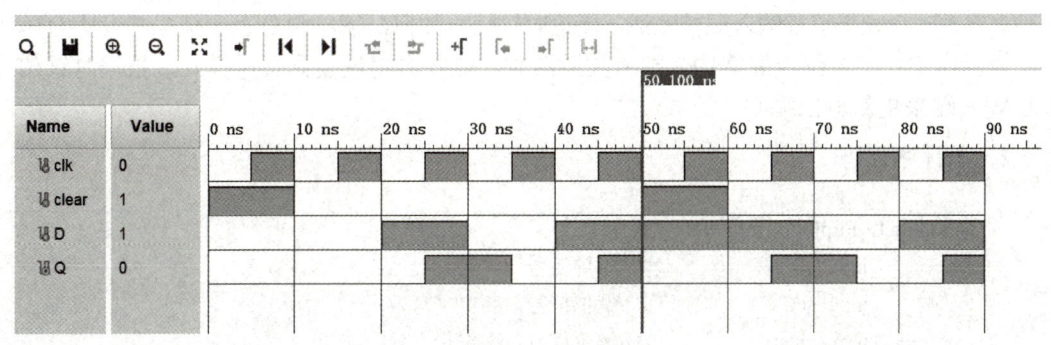

图 3-2　带清零功能 D 触发器的仿真波形

由仿真图形可以看到，正常工作时，当时钟信号下降沿到来时，触发器会采样输入端 D 的数据，对于上升沿触发的触发器，输出在时钟信号由低电平向高电平变化时更新；当清零信号 clear 有效时，无论时钟信号处于何种状态，触发器的输出都会被强制设置为 0。

3.1.3 带置位和清零功能 D 触发器的设计与验证

带置位（set）和清零（clear）功能 D 触发器是数字电路中的一种重要组件，它不仅能够在时钟脉冲的作用下存储输入数据，还能在接收到置位或清零信号时将输出分别置为预定义的高电平或低电平状态。

1. 带置位和清零功能 D 触发器的基本工作原理

带置位和清零功能 D 触发器（也称为 D 型触发器带置位/复位端）在普通 D 触发器的基础上增加了置位（set）和清零（reset）两个控制输入端。这两个控制端使得触发器的输出能够在任何时刻，不受时钟信号限制地被强制设置为特定状态（通常是 1 或 0）。

（1）基本工作原理

D 输入端：和普通 D 触发器一样，D 输入端接收要存储的数据。

时钟输入：时钟信号控制何时采样 D 输入端的数据。对于正边沿触发的触发器，数据在时钟信号上升沿被采样；对于负边沿触发的触发器，数据在时钟信号下降沿被采样。

置位（set）输入端：当置位输入端被激活（通常是置为高电平，但具体取决于设计），触发器的输出端 Q 被强制设置为 1，无论 D 输入端和时钟信号的状态如何。

清零（reset）输入端：当清零输入端被激活（通常是置为低电平，但同样取决于设计），触发器的输出端 Q 被强制设置为 0，同样无视 D 输入端和时钟信号的状态。

输出端 Q：在正常操作下，输出端 Q 反映时钟边沿 D 输入端的状态。但是，如果置位或清零输入被激活，Q 将分别被强制设置为 1 或 0。

优先级：通常，置位和清零输入具有比 D 输入端和时钟信号更高的优先级。这意味着，如果置位或清零输入端被激活，即使时钟信号正在变化，输出端 Q 也会立即被置为相应的状态。

（2）工作过程

正常模式：当时钟信号发生指定的边沿变化，且置位和清零输入端都未被激活时，触发器会采样 D 输入端的数据，并将其传输到输出端 Q。

置位模式：如果置位输入端被激活，无论时钟信号如何，输出端 Q 都会被强制设置为 1。

清零模式：如果清零输入端被激活，无论时钟信号如何，输出端 Q 都会被强制设置为 0。

恢复模式：当置位或清零输入端未被激活时，触发器将恢复到正常模式，根据时钟信号和 D 输入端来更新输出端 Q。

2. 源程序代码

```
module D_FlipFlop_with_Set_Clear (
    input clk,              //时钟信号
    input set,              //置位信号，高电平有效
    input clear,            //清零信号，高电平有效
    input D,                //输入数据
```

```
        output reg Q           //输出数据
);
always @(posedge clk or posedge set or posedge clear) begin
        if (set) begin
                Q <= 1;        //置位时将输出置为 1
        end
        else if (clear) begin
                Q <= 0;        //清零时将输出置为 0
        end
        else begin
                Q <= D;        //时钟上升沿时将输入端数据 D 存储到输入端 Q
        end
end
endmodule
```

 注意：在实际设计中，必须确保 set 和 clear 信号不会同时处于有效状态，这可以通过添加额外的逻辑电路来实现，或者使用优先级编码器来确定哪个信号优先。如果 set 和 clear 信号同时有效，可能会引发不确定的行为或竞争条件。

3．仿真验证代码

为了验证带置位和清零功能 D 触发器功能，可以编写一个测试平台（Testbench）。测试平台的 Verilog 代码示例如下。

```
module Testbench_D_FlipFlop_with_Set_Clear;
reg clk;
reg set;
reg clear;
reg D;
wire Q;
//实例化带置位和清零功能 D 触发器
D_FlipFlop_with_Set_Clear uut (
        .clk(clk),
        .set(set),
        .clear(clear),
        .D(D),
        .Q(Q)
);
initial begin
        //初始化信号
        clk = 0;
        set = 0;
        clear = 0;
        D = 0;
        //进行测试
        #10 D = 1; #10;
```

```
            #10 set = 1; #10 set = 0;    //置位
            #10 D = 0; #10;
            #10 clear = 1; #10 clear = 0;    //清零
            #10 D = 1; #10;
            //停止仿真
            $stop;
        end
    //时钟信号生成
    always #5 clk = ~clk;
    endmodule
```

4. 仿真波形

通过运行仿真，可以观察 D、set、clear 和 Q 的信号波形，验证 D 触发器是否在时钟上升沿正确地将 D 的数据存储并输出，以及在接收到置位或清零信号时是否将输出分别置为 1 或 0。带置位和清零功能 D 触发器的仿真波形如图 3-3 所示。

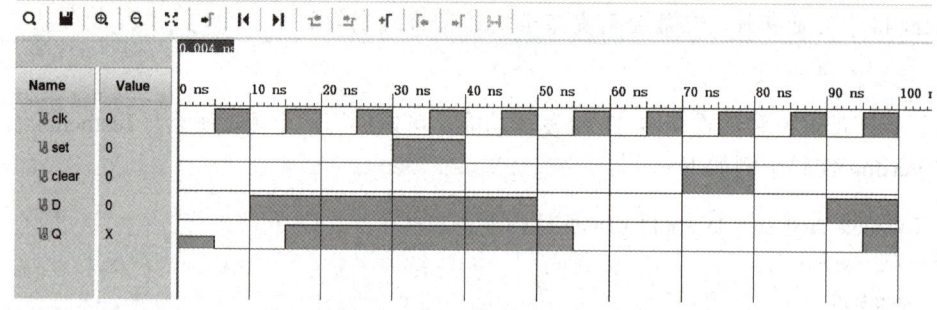

图 3-3　带置位和清零功能 D 触发器的仿真波形

从仿真图可以看到，当置位信号高电平有效时，输出端口被置为高电平；当清零信号高电平有效时，输出端被清零。

任务 3.2　加法计数器的设计与验证

3.2.1　二进制加法计数器的设计与验证

在数字电路中，经常需要统计输入脉冲的个数，而计数器正是为此设计的电子器件。

3.2.1
二进制加法计数器的设计与验证

按照计数的数制，计数器可分为二进制计数器和非二进制计数器。二进制计数器是指计数器历经 2^n 个独立状态的计数器，如八进制计数器、十六进制计数器等。非二进制计数器的独立状态不等于 2^n 个，如十进制计数器等。

按照计数值增减趋势，计数器可分成加计数器、减计数器和可逆计数器。加计数器是随着计数脉冲的到来，计数值不断增加的计数器；减计数器是随着计数脉冲的到来，计数值不断减少的计数器；可逆计数器是用一个控制引脚来决定其工作模式为加计数器或减计数器。

按照计数脉冲输入方式，计数器又可分成同步计数器和异步计数器。同步计数器是把计数脉冲输入到计数器中每一个寄存器的 CP 端的计数器。异步计数器不是将所有触发器的时钟端（CP）连接在一起接收同一个计数脉冲，而是采用逐级触发的方式工作：只有第一个触发器的时钟端（CP）直接接收外部计数脉冲，后续触发器的时钟信号由前一级触发器的输出（Q 或 Q'）提供，因此各级触发器不是同时翻转，而是依次触发。

1. 设计原理

二进制加法计数器是一种能够计数并显示二进制数的电路，每次时钟信号到来时，计数器增加 1。它通常由若干个二进制位（比特）组成，每个位可以表示 0 或 1。

计数器模块：负责计数操作，通常包括若干个 D 触发器（或 T 触发器）和一些逻辑门来实现进位操作。

时钟信号：驱动计数器，当时钟信号的上升沿（或下降沿）到来时，计数器数值加 1。

复位模块：将计数器复位到初始状态（通常是 0）。

2. 源程序代码

```verilog
module binary_counter (
        input clk,
        input rst,
        output reg [3:0] count
);
always @(posedge clk or posedge rst) begin
        if (rst)
          begin
           count <= 4'b0000;
        end
        else
        begin
        count <= count + 1;
        end
end
endmodule
```

3. 仿真验证代码

```verilog
module binary_counter_tb();
reg clk;
reg rst;
wire [3:0] count;
binary_counter uut (.clk(clk),.rst(rst),.count(count));
initial begin
        clk = 0;
        forever #5 clk = ~clk;
```

```
                end
        initial begin
                rst = 1;
                #10;
                rst = 0;
                end
        endmodule
```

4. 仿真波形

二进制加法计数器的仿真波形如图 3-4 所示。

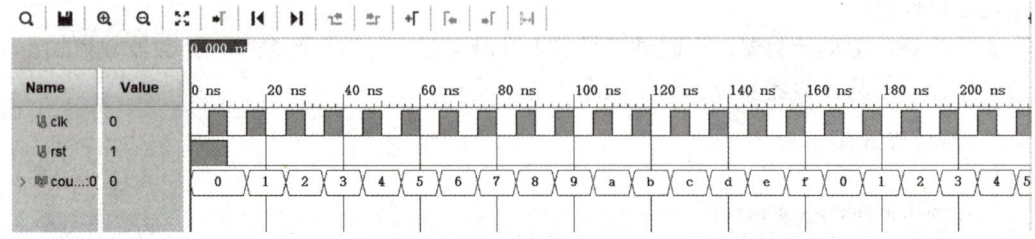

图 3-4　二进制加法计数器的仿真波形

从仿真波形可以看到，在复位信号处于高电平有效时，计数器被复位为 0；当复位信号处于低电平无效期间，时钟上升沿信号到来时，计数器加 1 计数。因为是四位二进制计数器，所以最多可以计数 16(2^4) 次，即 0～f，之后又回到 0，重新开始计数。

3.2.2　非二进制加法计数器的设计与验证

1. 设计原理

在二进制计数器中，每一位只有 0 和 1 两种状态。而在非二进制计数器中，每一位可能表示更多的状态（如在十进制计数器中，每一位可以表示 0～9）。在十进制计数器中，当计数器达到最大计数值（如 9）时，将复位至初始状态（如 0），此时会产生一个向上的进位信号，指示数值的增加。

3.2.2
非二进制加法计数器的设计与验证

2. 源程序代码

```
module decimal_counter (
    input clk,              //时钟信号
    input reset,            //复位信号
    output reg [3:0] count  //4 位 BCD 码输出
);
//计数逻辑
always @(posedge clk or posedge reset) begin
    if (reset)
        begin
```

```
                            count <= 4'b0000;    //复位时将计数器置为 0
                    end
            else if (count == 4'b1001)
                    begin
                            count <= 4'b0000;    //当计数器达到 9 时回滚到 0
                    end
            else
                    begin
                            count <= count + 1;  //否则计数器加 1
                    end
    end
endmodule
```

3. 仿真验证代码

```
`timescale 1ns / 1ps
//测试平台模块
module decimal_counter_tb;
    //声明输入和输出信号
    reg clk;              //时钟信号
    reg reset;            //复位信号
    wire [3:0] count;     //计数器的 4 位 BCD 码输出
    //实例化十进制加法计数器模块
    decimal_counter uut (
        .clk(clk),
        .reset(reset),
        .count(count)
    );
    //初始化时钟信号和复位信号
    initial begin
        //初始化时钟信号为 0
        clk = 0;
        //初始化复位信号为 1，持续一段时间以确保计数器复位
        reset = 1;
        #10;
        reset = 0;
    end
    //生成时钟信号
    //这里假设时钟周期为 10ns，即频率为 100MHz
    always #5 clk = ~clk;
    //编写测试序列
    initial begin
        //等待一段时间，让计数器开始计数
```

```
        #150;
        //观察计数器的输出，并检查其是否符合预期
        //可以通过添加条件语句来打印输出或停止仿真
        //例如，检查计数器是否正确复位到 0
        if (count != 4'b0000) begin
            $display("Error: Counter did not roll over to 0 as expected.");
            $stop;
        end
        //继续观察计数器计数到 9
        #40; //因为已经计数了几次，所以这里等待的时间需要根据实际情况调整
        if (count != 4'b1001) begin
            $display("Error: Counter did not reach 9 as expected.");
            $stop;
        end
        //可以添加更多的测试序列来验证计数器的其他行为
        //停止仿真
        $stop;
    end
endmodule
```

4. 仿真波形

非二进制加法计数器（以十进制为例）的仿真波形如图 3-5 所示。

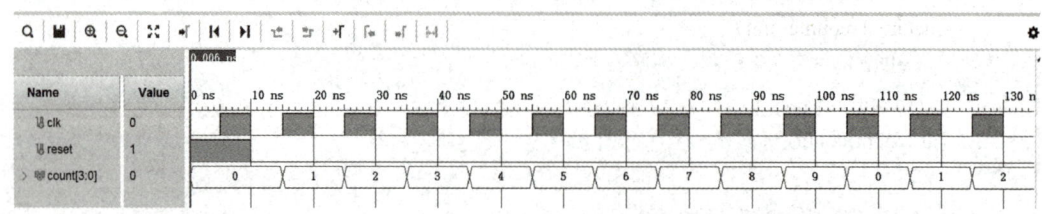

图 3-5　非二进制加法计数器（以十进制为例）的仿真波形

从仿真波形看可以看到，当复位信号处于低电平无效期间时，计数器从 0 开始计数，当时钟信号上升沿到来时，计数器就加 1，计数到 9 后又回 0，重新开始新一轮计数过程。

3.2.3　多功能加法计数器的设计与验证

1. 设计原理

一个简单的多功能加法计数器包括如下功能。
1）基本的加法计数功能。
2）可配置的计数范围和步长。
3）异步复位功能。
4）使能控制，允许或禁止计数。

2. 源程序代码

```verilog
module multifunc_add_counter (
        input wire clk,                  //时钟信号
        input wire rst,                  //异步复位信号，高电平有效
        input wire enable,               //使能信号，高电平有效
        input wire [7:0] step,           //计数步长
        input wire [7:0] max_value,      //计数最大值，达到该值时停止（或循环）
        output reg [7:0] count           //计数器输出
);
always @(posedge clk or posedge rst) begin
        if (rst)
        begin
            count <= 0;                  //异步复位，计数器清零
        end
        else if (enable)
        begin
            if (count + step >= max_value)
            begin
                count <= 0; //达到最大值时，计数器复位（或可以设置为其他行为，如保持）
            end
            else
            begin
                count <= count + step;   //正常计数
            end
        end
//如果未使能，计数器保持不变
    end
endmodule
```

3. 仿真验证代码

```verilog
module tb_multifunc_add_counter;
//信号声明
reg clk;
reg rst;
reg enable;
reg [7:0] step;
reg [7:0] max_value;
wire [7:0] count;
//实例化计数器模块
multifunc_add_counter uut (.clk(clk),.rst(rst),.enable(enable),.step(step),
        .max_value(max_value),.count(count));
//时钟生成
```

```verilog
initial begin
    clk = 0;
    forever #5 clk = ~clk;  //10ns clock period
    end
initial begin
    //初始化输入
    rst = 1;
    enable = 0;
    step = 2;
    max_value = 10;
    //应用重置
    #10;
    rst = 0;
    //等待几个时钟周期
    #20;
    //启用计数
    enable = 1;
    //观察计数器输出
    #100;
    //更改步长和最大值
    step = 3;
    max_value = 15;
    //继续观察
    #100;
    //禁用计数
    enable = 0;
    //完成模拟
    #20;
    $stop;
    end
endmodule
```

4. 仿真波形

多功能加法计数器的仿真波形如图 3-6 所示。

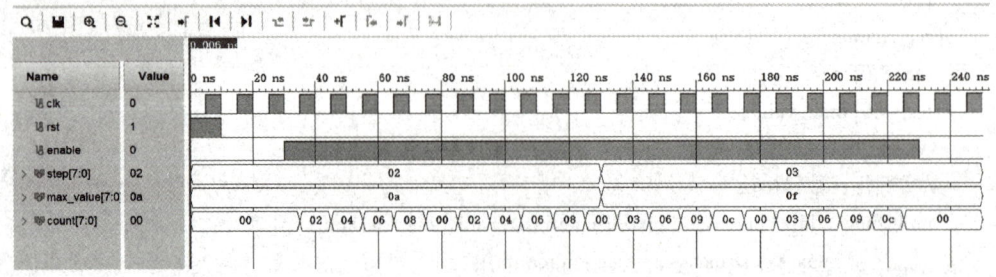

图 3-6　多功能加法计数器的仿真波形

从仿真波形可以看到,在复位信号无效且使能信号有效的条件下,计数器能正常执行计数操作。在计数过程中,计数步长和计数最大值不同,则计数结果不同。当计数步长设为 2 且计数最大值为 10 时,计数器每次加 2 计数,计数到 10 发生进位,重新从 0 开始计数;当计数步长设为 3 且计数最大值为 15 时,计数器每次加 3 计数,计数到 15 发生进位,重新从 0 开始计数;一直到使能信号无效时结束计数。

任务 3.3　LED 灯亮灭的设计与验证

3.3.1　一个 LED 灯亮灭的设计与验证

1. 设计原理

一个 LED 灯亮灭的 Verilog 模块,它包含一个输入时钟信号 clk、一个输入控制信号 enable 和一个输出信号 led。观察输出信号是否根据输入控制信号的变化而正确地亮灭。

当 enable 为 1 时,led 应该为高电平(亮)。

当 enable 为 0 时,led 应该为低电平(灭)。

2. 源程序代码

```verilog
module led_control(
    input wire clk,              //时钟信号
    input wire enable,           //输入控制信号
    output reg led               //输出信号
);
//简单的 LED 控制逻辑:如果 enable 为高,LED 亮;否则,LED 灭
always @(posedge clk)
    begin
      if (enable)
        begin
          led <= 1'b1;  //LED 亮
        end
      else
        begin
          led <= 1'b0;  //LED 灭
        end
    end
endmodule
```

> 注意:这里使用了一个时钟信号 clk 来同步控制逻辑。这是因为在实际的硬件中,大多数的控制信号都是与时钟同步的,以避免竞态条件和时序问题。

3. 仿真验证代码

```verilog
module tb_led_control;
//信号声明
reg clk;
reg enable;
wire led;
//实例化 LED 控制模块
led_control uut (
        .clk(clk),
        .enable(enable),
        .led(led)
);
//时钟生成
initial begin
        clk = 0;
        forever #5 clk = ~clk; //10ns 时钟周期
end
//测试激励
initial begin
        //初始化输入
        enable = 0;
        //等待几个时钟周期
        #20;
        //使能 LED,应该亮
        enable = 1;
        #10;
        //禁用 LED,应该灭
        enable = 0;
        #10;
        //再次使能 LED,应该亮
        enable = 1;
        #10;
        //结束仿真
        $stop;
end
endmodule
```

4. 仿真波形

一个 LED 灯亮灭的仿真波形如图 3-7 所示。

从仿真波形可以看到,当控制信号是高电平且时钟上升沿到来时,LED 灯被点亮;当控制信号是低电平时,LED 灯灭,仿真结果与预期相吻合。

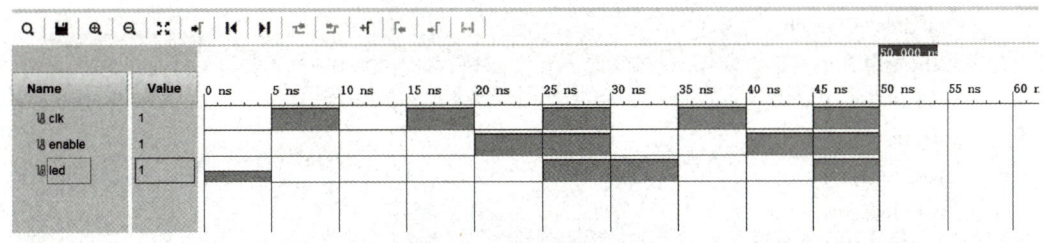

图 3-7 一个 LED 灯亮灭的仿真波形

3.3.2 两个 LED 灯亮灭的设计与验证

1. 设计原理

两个 LED 灯亮灭的设计，要求在同一个时钟周期内，一个灯亮另一个灯灭，下一个时钟周期两灯切换亮灭状态。这个设计包含一个时钟信号 clk 和一个复位信号 reset，控制两个 LED 灯 led1 和 led2 的亮灭。为了简化设计，假设 LED 灯在每个时钟周期内切换一次亮灭状态。

2. 源程序代码

```verilog
module led_control_2 (
    input wire clk,            //时钟信号
    input wire reset,          //复位信号
    output reg led1,           //led1 控制信号
    output reg led2            //led2 控制信号
);
//在复位时，将 LED 灯初始化为灭状态
always @(posedge clk or posedge reset) begin
    if (reset)
        begin
            led1 <= 0;
            led2 <= 1;
        end
    else
        begin
//切换 LED 灯的状态
            led1 <= ~led1;
            led2 <= ~led2;
        end
    end
endmodule
```

3. 仿真验证代码

测试平台为 testbench.v，用于模拟时钟信号和复位信号，并观察 led1 和 led2 的输出。

```verilog
module testbench;
//信号声明
reg clk;
reg reset;
wire led1;
wire led2;
//实例化被测试模块
led_control_2 uut (.clk(clk),.reset(reset),.led1(led1),.led2(led2));
//时钟信号生成
initial begin
    clk = 0;
    forever #5 clk = ~clk;         //生成 10ns 周期的时钟信号
        end
//测试序列
initial begin
//初始化信号
    reset = 1;
    #10; //等待 10ns
    reset = 0;
//观察输出信号
//打印信号变化
    $monitor("Time = %0t, led1 = %b, led2 = %b", $time, led1, led2);
//等待足够长的时间，以观察 LED 灯的状态变化
    #100; //等待 100ns
//结束仿真
    $stop; //停止仿真
end
endmodule
```

4．仿真波形

两个 LED 灯亮灭的仿真波形如图 3-8 所示。

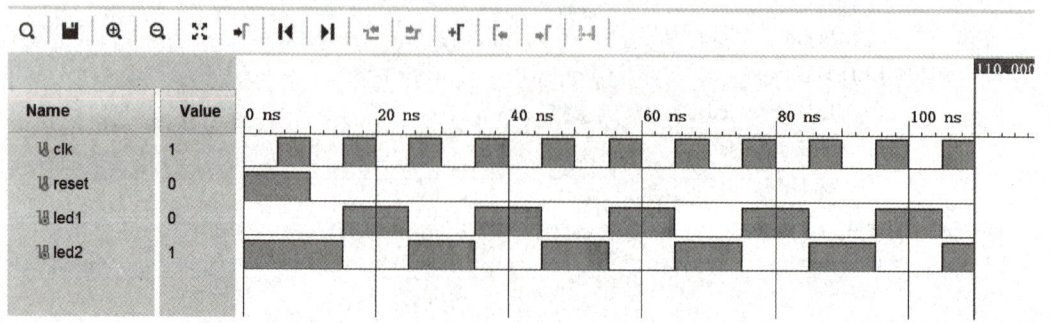

图 3-8　两个 LED 灯亮灭的仿真波形

从仿真波形可以看到，当复位信号无效时，led1 和 led2 在每个时钟周期的上升沿到来时交替亮灭，这证明了设计的正确性。如果出现问题，可以回到设计模块中检查代码，找出并修复错误，然后重新进行仿真验证。

【项目实施】 花样流水灯的设计与验证

项目 3
【项目实施】
花样流水灯的
设计实现

1. 设计原理

花样流水灯是一种常见的 LED 显示效果，其中多个 LED 灯会按照预定的模式依次点亮和熄灭，形成流动的效果。可以使用计数器来控制 LED 灯的亮灭顺序。

设计模块为 flower_led.v，这个模块包含一个时钟信号 clk、一个复位信号 reset，并控制一组 LED 灯（假设为 8 个）的亮灭。LED 灯会按照预定的花样依次点亮或熄灭。

2. 源程序代码

```verilog
module flower_led (
    input wire clk,              //时钟信号
    input wire reset,            //复位信号
    output reg [7:0] led         //8 个 LED 灯的控制信号
);
    reg [2:0] counter;           //3 位计数器，用于控制 LED 灯的点亮顺序
//在复位时，将计数器和 LED 灯初始化为 0
always @(posedge clk or posedge reset) begin
    if (reset)
    begin
        counter <= 3'b000;
        led <= 8'b00000000;
    end
    else
    begin
//计数器加 1，当计数器达到最大值时归零
        counter <= counter + 1;
//根据计数器的值控制 LED 灯的点亮顺序
        case (counter)
            3'b000: led <= 8'b00000001; //点亮第 1 个 LED
            3'b001: led <= 8'b00000010; //点亮第 2 个 LED
            3'b010: led <= 8'b00000100; //点亮第 3 个 LED
            3'b011: led <= 8'b00001000; //点亮第 4 个 LED
            3'b100: led <= 8'b00010000; //点亮第 5 个 LED
            3'b101: led <= 8'b00100000; //点亮第 6 个 LED
            3'b110: led <= 8'b01000000; //点亮第 7 个 LED
            3'b111: led <= 8'b10000000; //点亮第 8 个 LED
        endcase
```

```
            end
    end
endmodule
```

3. 仿真验证代码

测试平台为 testbench_flower_led.v，用于模拟时钟信号和复位信号，并观察 LED 灯的输出。

```verilog
module testbench_flower_led;
//信号声明
reg clk;
reg reset;
wire [7:0] led;
//实例化被测试模块
flower_led uut (.clk(clk),.reset(reset),.led(led));
//时钟信号生成
initial begin
        clk = 0;
        forever #5 clk = ~clk; //生成 10ns 周期的时钟信号
        end
//测试序列
initial begin
//初始化信号
        reset = 1;
        #10; //等待 10ns
        reset = 0;
//观察输出信号
//打印信号变化
        $monitor("Time = %0t, led = %b", $time, led);
//等待足够长的时间以观察 LED 灯的花样变化
        #100; //根据需要调整时间长度
//可以添加多次复位和观察的过程，以验证设计的稳定性
//结束仿真
        $stop; //停止仿真
    end
endmodule
```

4. 仿真波形

花样流水灯的仿真波形如图 3-9 所示。

从仿真波形可以看到，在复位信号低电平无效的前提下，当时钟上升沿到来时，led0 先被点亮，下一个时钟上升沿到来时 led0 熄灭 led1 被点亮，依次类推，8 个 LED 灯从后向前依次被点亮，且每次点亮一个灯，这证明了设计的正确性。如果出现问题，可以回到设计模块中检查代码，找出并修复错误，然后重新进行仿真验证。

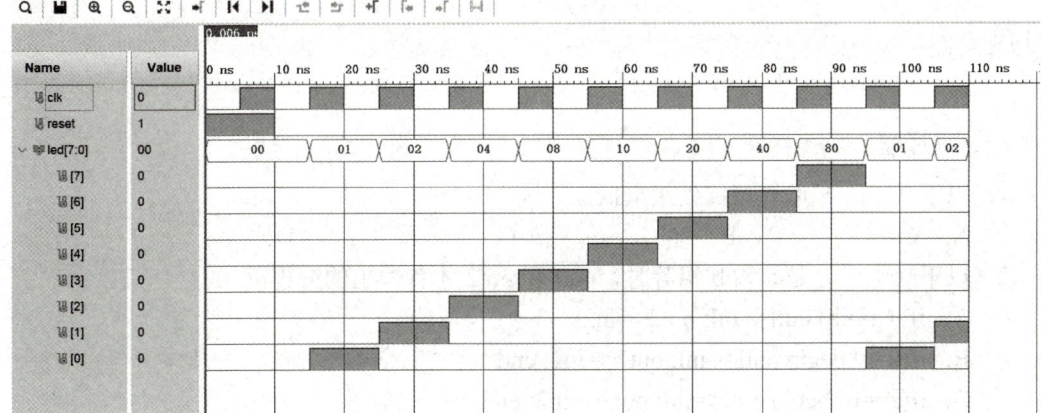

图 3-9 花样流水灯的仿真波形

【项目评价】

项目名称：　　　　　　　　　　　项目承接人姓名：　　　　　日期：

花样流水灯的设计与验证

项目要求	得分标准	得分情况
项目分析（10分） 项目分析合理，项目准备单填写准确	项目准备单填写合理性评价（每合理1条得1分，满分10分）	
关键要求一（15分） 能熟练掌握各种D触发器的工作原理，并根据其工作原理设计其源程序和测试程序	1. 熟练掌握各种D触发器的工作原理（5分） 2. D触发器的源程序设计正确（5分） 3. D触发器的测试程序设计正确（5分）	
关键要求二（15分） 能理解二进制加法计数器和非二进制加法计数器的工作原理，并根据其工作原理设计其源程序和测试程序	1. 理解二进制加法计数器和非二进制加法计数器的工作原理（5分） 2. 二进制加法计数器和非二进制加法计数器的源程序设计正确（5分） 3. 二进制加法计数器和非二进制加法计数器的测试程序设计正确（5分）	
关键要求三（10分） 能理解多功能加法计数器的工作原理，并设计多功能加法计数器的源程序和测试程序	1. 理解多功能加法计数器的工作原理（5分） 2. 多功能加法计数器的源程序和测试程序设计合理，仿真验证波形正确（5分）	
关键要求四（15分） 能用自己的语言描述花样流水灯电路的原理	1. 对花样流水灯电路的原理有自己的理解（7分） 2. 能准确描述花样流水灯电路的作用和价值（8分）	
关键要求五（10分） 能根据花样流水灯的工作原理设计其源程序和测试程序	1. 花样流水灯的源程序设计正确（5分） 2. 花样流水灯的测试程序设计合理，仿真验证波形正确（5分）	
项目汇报（10分） 汇报内容清晰、重点突出、时间把握合理、衣着整洁、仪态自然大方	1. 汇报内容不清晰（每处扣1分） 2. 重点不突出（根据情况酌情扣分，最多扣3分） 3. 衣着不整洁（根据情况酌情扣分，最多扣3分） 4. 仪态不自然大方（根据情况酌情扣分，最多扣3分）	
职业道德和职业核心能力（10分） 了解国家行业发展，能有效分析信息，并对专业文化有认同感	1. 没有体现国家行业发展（扣3分） 2. 信息搜集不完善，缺乏有效分析（扣1~5分）	
创新创意（5分）	项目完成过程中，能结合国家对行业发展新要求，应用新技术、新方法、新理论等，创新解决问题（每点附加1分，最高附加5分）	

习题

一、选择题

1. 以下（　　）运算符优先级最低。
   A. &　　　　　　B. ?:　　　　　　C. |　　　　　　D. +
2. 以下（　　）是 a 和 b 相等时，out1 和 out2 才有输出的编程语句。
   A. if（a==b) out1<=in1; out2<=in2;
   B. if(a=b) begin out1<=in1; out2<=in2; end
   C. if(a==b) begin out1<=in1; out2<=in2; end
   D. if(a=b)out1<=in1;out2<=in2;
3. 6'b110001<<2 结果是（　　）。
   A. 6'b100100　　　　　　　　B. 6'b001100
   C. 6'b000100　　　　　　　　D. 6'b100010

二、简答题

1. 用 verilog 编写 3 位二进制加法计数器的程序并验证。
2. 用 verilog 编写七进制加法计数器的程序并验证。
3. 用 verilog 编程实现 8 个 LED 灯每次被同时点亮两个灯的效果。
4. 用 verilog 编程实现 8 个 LED 灯从左到右依次点亮一个灯，再从右向左依次点亮一个灯的效果。

项目 4　倒计时定时器的设计与验证

本项目通过递进式任务设计，旨在系统性地培养学生在减法计数器、双向计数器等核心时序逻辑模块的开发能力。学生将从基础二进制减法计数器入手，在 Vivado 平台上逐步扩展方向控制、模式切换功能，最终集成数码管显示控制、报警信号生成等模块，完成一个可设定时间的倒计时系统。项目涵盖了 RTL 设计、约束优化、硬件交互调试全流程，强化学生的模块化设计能力和系统集成思维。

知识目标	技能目标	素养目标
◆ 掌握二进制/非二进制减法计数器的状态转换规律与终止条件判断逻辑 ◆ 理解约束文件中时序例外的配置场景 ◆ 掌握跨时钟域信号处理的基本方法（如同步寄存器链） ◆ 实现参数化模块设计，实现多功能计数器	◆ 能设计带预置数装载、使能控制的减法计数器 ◆ 能设计双向计数器 ◆ 能将 BCD 码计数器与七段数码管译码器结合，完成时间显示 ◆ 能通过层次化设计整合计数器、分频器、显示模块	◆ 具备良好的编程习惯 ◆ 具备冗余设计意识 ◆ 具备创新意识 ◆ 具备低功耗设计意识

【思维导图】

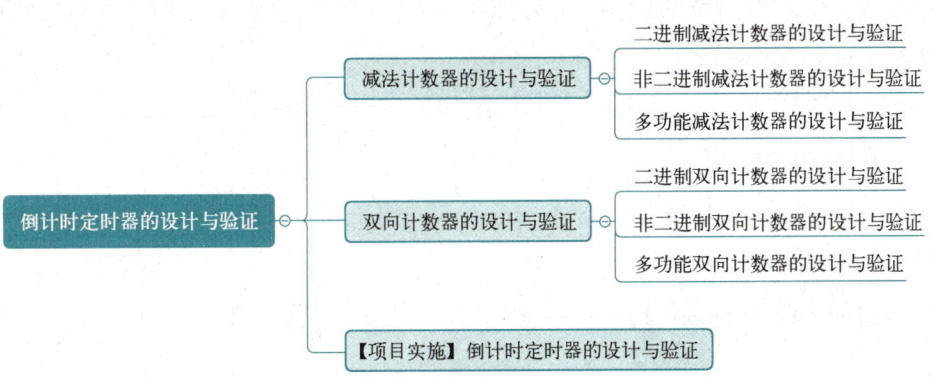

任务 4.1　减法计数器的设计与验证

4.1.1　二进制减法计数器的设计与验证

1. 设计原理

二进制减法计数器是一种能够按照二进制数递减计数的数字电路。

4.1.1
二进制减法计数器的设计与验证

设计模块为 binary_down_counter.v，这个模块实现了一个 n 位的二进制减法计数器，它有一个时钟输入 clk、一个复位输入 reset、一个使能输入 enable，以及一个 n 位的输出 count，表示当前的计数值。

2. 源程序代码

```verilog
module binary_down_counter (
    input wire clk,              //时钟信号
    input wire reset,            //复位信号
    input wire enable,           //使能信号
    output reg [3:0] count       //4 位计数值输出
);
//在复位时，将计数值初始化为最大值（全 1）
always @(posedge clk or posedge reset) begin
    if (reset)
        count <= 4'b1111;        //假设是 4 位计数器，从 15 开始计数
    else if (enable)
    begin
//如果使能信号有效，则计数值减 1
        if (count != 4'b0000)
        begin
            count <= count - 1;
        end
    end
end
endmodule
```

3. 仿真验证代码

测试平台为 testbench_binary_down_counter.v，用于模拟时钟信号、复位信号和使能信号，并观察计数器的输出。

```verilog
module testbench_binary_down_counter;
//信号声明
reg clk;
reg reset;
reg enable;
wire [3:0] count;
//实例化被测试模块
binary_down_counter uut(.clk(clk),.reset(reset),.enable(enable),.count(count));
//时钟信号生成
initial begin
    clk = 0;
    forever #5 clk = ~clk;       //生成 10ns 周期的时钟信号
```

```
                    end
//测试序列
initial begin
//初始化信号
                    reset = 1;
                    enable = 0;
                    #10; //等待 10ns
                    reset = 0;
                    enable = 1;
//观察输出信号
//打印信号变化
                    $monitor("Time = %0t, count = %b", $time, count);
//等待足够长的时间以观察计数器的变化
                    #100; //根据需要调整时间长度,确保能看到计数器减到 0
//可以添加多次复位和计数的过程,以验证设计的稳定性
 //结束仿真
                    $stop; //停止仿真
      end
endmodule
```

4. 仿真波形

二进制减法计数器的仿真波形如图 4-1 所示。

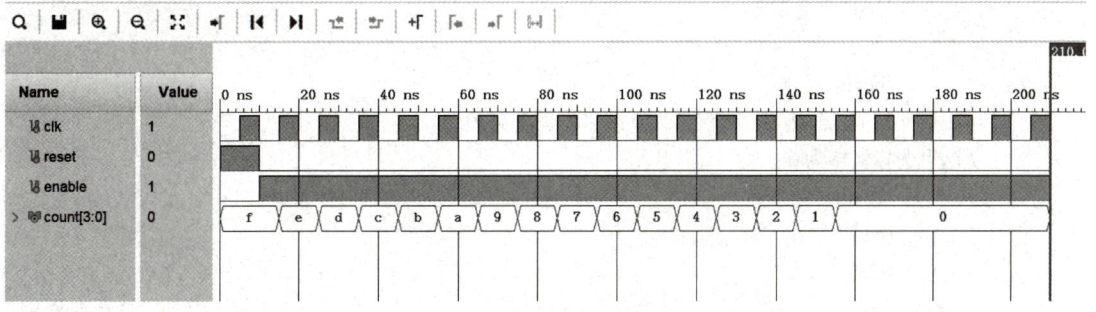

图 4-1 二进制减法计数器的仿真波形

从仿真波形图可以看到,在复位信号低电平无效且使能信号高电平有效的情况下,计数器从 15(1111)开始递减,每次时钟上升沿到来时减 1,直到减到 0(0000)。

4.1.2 非二进制减法计数器的设计与验证

1. 设计原理

非二进制减法计数器通常指的是那些计数方式并非遵循标准的二进制权重规则(即不是每位都是前一位的两倍)进行递减的计数器。非二进制计数器中最典型的是十进制计数器,

本任务以十进制减法计数器为例进行设计与验证。

设计模块为 decimal_down_counter_10.v，这个模块实现了一个 n 位的十进制减法计数器，它有一个时钟输入 clk、一个复位输入 reset、一个使能输入 enable，以及一个 n 位的输出 count，表示当前的计数值（以十进制形式表示）。

2. 源程序代码

```verilog
module decimal_down_counter_10 (
    input wire clk,                 //时钟信号
    input wire reset,               //复位信号，高电平有效
    input wire enable,              //使能信号，高电平有效
    output reg [3:0] count          //4 位十进制计数值输出，最大可表示到 9
);
//在复位时，将计数值初始化为最大值（9）
always @(posedge clk or posedge reset) begin
    if (reset)
        count <= 4'd9;              //假设是 4 位十进制计数器，则从 9 开始计数
    else if (enable)
    begin
//如果使能信号有效，并且计数值大于 0，则计数值减 1
        if (count > 0)
        begin
            count <= count -1;
        end
        else
        begin
//如果计数值已经为 0，则保持为 0 或者做其他处理
//这里选择保持为 0
            count <= 4'd9;
        end
    end
end
endmodule
```

3. 仿真验证代码

测试平台为 testbench_decimal_down_counter_10.v，用于模拟时钟信号、复位信号和使能信号，并观察计数器的输出。

```verilog
module testbench_decimal_down_counter_10;
//信号声明
reg clk;
reg reset;
reg enable;
```

```
wire [3:0] count;
//实例化被测试模块
decimal_down_counter_10 uut (.clk(clk),.reset(reset),
           .enable(enable),.count(count));
//时钟信号生成
initial begin
          clk = 0;
          forever #5 clk = ~clk; //生成 10ns 周期的时钟信号
          end
//测试序列
initial begin
//初始化信号
          reset = 1;
          enable = 0;
          #10; //等待 10ns
          reset = 0;
          enable = 1;
//观察输出信号
          $monitor("Time = %0t, count = %d", $time, count);
//等待足够长的时间以观察计数器的变化
          #100; //根据需要调整时间长度,确保能看到计数器减到 0
//可以添加多次复位和计数的过程,以及改变使能信号的状态,以验证设计的稳定性
//结束仿真
          $finish; //停止仿真(更标准的结束仿真命令)
end
endmodule
```

4. 仿真波形

十进制减法计数器的仿真波形如图 4-2 所示。

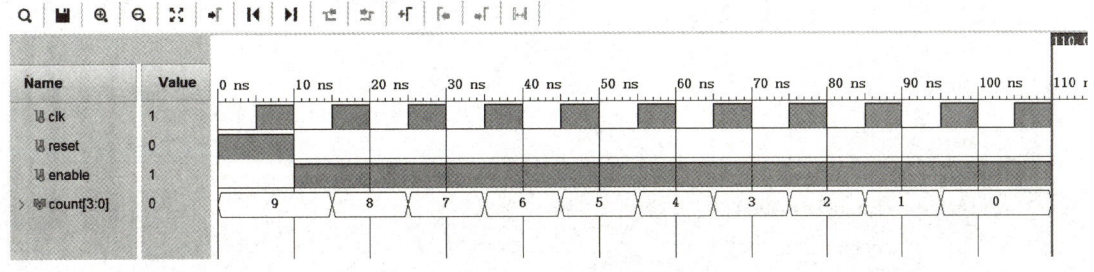

图 4-2 十进制减法计数器的仿真波形

从仿真波形图看到,在复位信号处于高电平时,将计数器的计数值初始化为最大值(9),在复位信号处于低电平时,计数器从 9 开始递减,每来一个时钟上升沿则减 1 计数,直到减到 0,实现了十进制减法计数的功能。

注意：在这个例子中，使用了 4 位宽的寄存器来表示计数值，因此计数范围是 0～9。如果需要更大的计数范围，可以增加寄存器的位宽，并相应地调整复位时的初始值和计数条件。

4.1.3 多功能减法计数器的设计与验证

1. 设计原理

多功能减法计数器是一种能够根据设定的参数（如计数范围、步长等）进行递减计数的数字电路。在 Verilog 中，可以通过参数化设计来实现这种灵活性，使得同一个模块可以适应不同的计数需求。

设计模块为 multi_function_down_counter.v，它有一个时钟输入 clk、一个复位输入 reset、一个使能输入 enable、一个设定步长的输入 step，以及一个输出 count，表示当前的计数值。

2. 源程序代码

```verilog
module multi_function_down_counter #(
    parameter WIDTH = 4,            //计数器的位宽
    parameter MAX_COUNT = 15        //计数器的最大值（对于十进制计数，应为9）
)(
    input wire clk,                 //时钟信号
    input wire reset,               //异步复位信号，高电平有效
    input wire enable,              //使能信号，高电平有效
    input wire [WIDTH-1:0] step,    //递减步长
    output reg [WIDTH-1:0] count    //计数值输出
);
//在复位时，将计数值初始化为最大值
always @(posedge clk or posedge reset) begin
    if (reset)
    begin
        count <= MAX_COUNT;
    end
    else if (enable)
    begin
//如果使能信号有效，并且计数值大于或等于步长，则减去步长
        if (count >= step)
        begin
            count <= count - step;
        end
        else
//如果计数值小于步长，则选择保持为0、重新加载最大值或其他处理,这里选择保持为0
            count <= 0;
```

```
            end
        end
endmodule
```

3. 仿真验证代码

测试平台为 testbench_multi_function_down_counter.v，用于模拟时钟信号、复位信号、使能信号和步长输入，并观察计数器的输出。

```verilog
module testbench_multi_function_down_counter;
//信号声明
reg clk;
reg reset;
reg enable;
reg [3:0] step;          //假设步长是 4 位宽，与计数器位宽一致
wire [3:0] count;        //假设计数器是 4 位宽
//实例化被测试模块，使用默认参数或指定参数
multi_function_down_counter #(.WIDTH(4), .MAX_COUNT(15)) uut (
    .clk(clk),.reset(reset),.enable(enable),.step(step),.count(count));
//时钟信号生成
initial begin
        clk = 0;
        forever #5 clk = ~clk; //生成 10ns 周期的时钟信号
        end
//测试序列
initial begin
//初始化信号
        reset = 1;
        enable = 0;
        step = 4'd1; //初始步长设为 1
        #10; //等待 10ns
        reset = 0;
        enable = 1;
//观察输出信号，首先以步长 1 递减
        $monitor("Time = %0t, step = %d, count = %d", $time, step, count);
//等待一段时间，然后改变步长
        #50;
        step = 4'd2; //改变步长为 2
//再等待一段时间，观察计数器的变化
        #50;
//可以继续添加测试序列，如复位、改变步长、停止使能等
        $finish; //停止仿真
end
```

endmodule

4. 仿真波形

多功能减法计数器的仿真波形如图 4-3 所示。

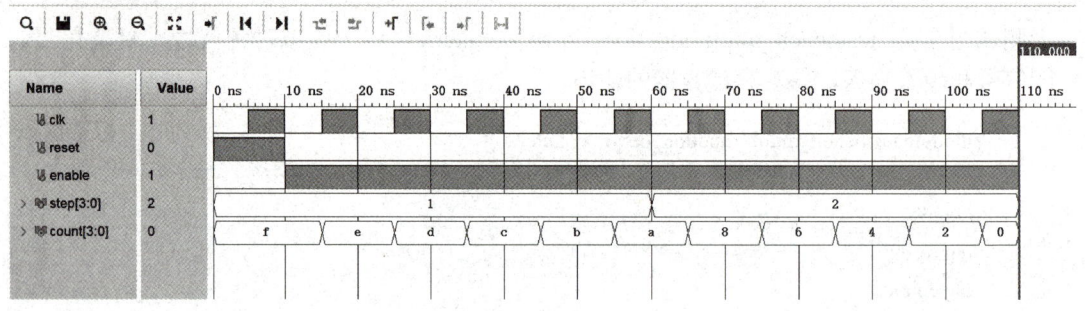

图 4-3　多功能减法计数器的仿真波形

从仿真波形中通过步长信号 step 的变化来观察计数值输出信号 count 的变化。在复位信号低电平无效和使能信号高电平有效的前提下，观察计数器在不同步长下的计数值变化规律，可以发现，在计数步长为 1 时，计数器在每个时钟上升沿到来时减 1 计数，在计数步长为 2 时，计数器在每个时钟上升沿到来时减 2 计数。从仿真波形可以看到，计数器根据设定的步长正确地递减，并且在达到 0 或小于步长时保持为 0。此外，还可以通过修改步长的大小来观察计数器的计数变化，以此来验证程序是否能实现多功能减法计数器的功能。

任务 4.2　双向计数器的设计与验证

4.2.1　二进制双向计数器的设计与验证

1. 设计原理

二进制双向计数器是一种能够根据控制信号的指令在递增和递减两种模式之间切换的计数器。

设计模块为 binary_updown_counter.v，这个模块实现了一个二进制双向计数器，它有一个时钟输入 clk、一个复位输入 reset、一个方向控制输入 direction（用于指定递增还是递减），以及一个输出 count，表示当前的计数值。

2. 源程序代码

```
module binary_updown_counter
    #(parameter WIDTH = 4 //计数器的位宽)
    (
        input wire clk,              //时钟信号
        input wire reset,            //复位信号
```

```
        input wire direction,          //方向控制信号：0表示递减，1表示递增
        output reg [WIDTH-1:0] count   //计数值输出
);
//在复位时，将计数值初始化为 0
always @(posedge clk or posedge reset)
    begin
        if (reset)
        count <= 0;
        else
        begin
//根据方向控制信号递增或递减计数值
            if (direction)
            count <= count + 1; //递增计数
             else
            count <= count - 1; //递减计数
        end
    end
endmodule
```

3. 仿真验证代码

测试平台为 testbench_binary_updown_counter.v，用于模拟时钟信号、复位信号、方向控制信号，并观察计数器的输出。

```
module testbench_binary_updown_counter;
//信号声明
reg clk;
reg reset;
reg direction;
wire [3:0] count; //假设计数器是 4 位宽
//实例化被测试模块
binary_updown_counter #(.WIDTH(4)) uut (.clk(clk),.reset(reset),
        .direction(direction),.count(count));
//时钟信号生成
initial begin
        clk = 0;
        forever #5 clk = ~clk; //生成 10ns 周期的时钟信号
        end
//测试序列
initial begin
//初始化信号
        reset = 1;
        direction = 0;
```

```
                    #10; //等待 10ns
                    reset = 0;
    //首先进行递减计数
                    direction = 0;
                    $monitor("Time = %0t, direction = %b, count = %b", $time, direction, count);
                    #50; //等待 50ns，观察递减计数
    //然后进行递增计数
                    direction = 1;
                    #50; //等待 50ns，观察递增计数
    //继续添加测试序列，如多次复位、改变方向等
                    $finish; //停止仿真
                end
endmodule
```

4. 仿真波形

二进制双向计数器的仿真波形如图 4-4 所示。

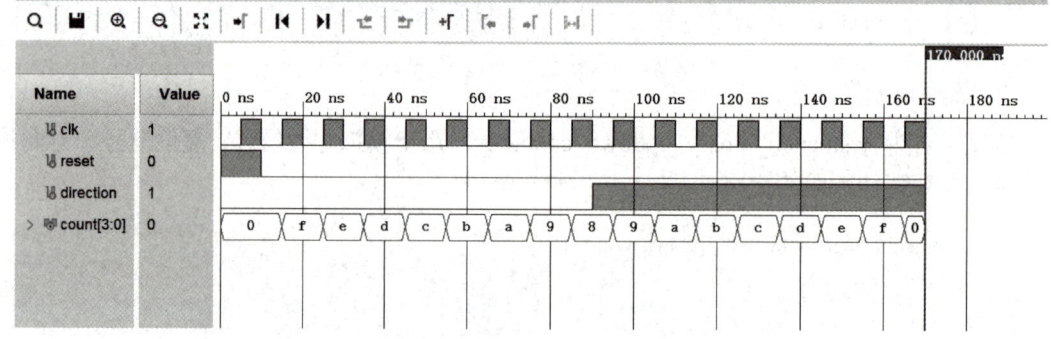

图 4-4 二进制双向计数器的仿真波形

从仿真波形可以看到，在复位信号 reset 处于高电平有效时，计数器被复位为 0。当 reset 处于低电平无效时，方向控制信号 direction 为 0 时，计数器从 15 开始递减，每来一个时钟上升沿，计数器减 1 计数；方向控制信号 direction 为 1 时，计数器在时钟上升沿到来时加 1 计数。

4.2.2 非二进制双向计数器的设计与验证

1. 设计原理

4.2.2
非二进制双向
计数器的设计
与验证

非二进制计数器中最典型的是十进制计数器，本任务以十进制减法双向计数器为例进行设计与验证。在 Verilog 中实现一个十进制双向计数器，设计一个模块，该模块根据输入的方向信号递增或递减其计数值，并且每次递增或递减的步长是固定的十进制数（例如 1）。由于是在数字电路中工作，虽然是以十进制的形式描述和解释计数器的行为，但其实现仍然是基于二进制的。

设计模块为 decimal_updown_counter_10.v。

2. 源程序代码

```verilog
module decimal_updown_counter_10
    (
            input wire clk,                //时钟信号
            input wire reset,              //复位信号
            input wire direction,          //方向控制信号：0 表示递减，1 表示递增
            output reg [3:0] count         //计数值输出，按十进制表示
//在复位时，将计数值初始化为 0
    always @(posedge clk or posedge reset)
    begin
            if (reset)
            count <= 0;
            else
            begin
//根据方向控制信号递增或递减计数值
            if (direction)
            begin
//递增计数，同时检查是否超出最大值 9
            if (count < 9)
            count <= count + 1;
            else
//处理溢出情况，这里选择保持最大值 9
                count <= 9;
            else
            begin
//递减计数，同时检查是否小于最小值 0
                if (count > 0)
                count <= count - 1;
                else
//处理下溢情况，这里选择保持最小值 0
                count <= 9;
            end
            end
    end
endmodule
```

3. 仿真验证代码

测试平台为 testbench_decimal_updown_counter_10.v

```verilog
module testbench_decimal_updown_counter_10;
```

```verilog
//信号声明
reg clk;
reg reset;
reg direction;
wire [3:0] count;                    //计数值输出
//实例化被测试模块
decimal_updown_counter_10 uut (.clk(clk),.reset(reset),
        .direction(direction),.count(count));
//时钟信号生成
initial begin
        clk = 0;
        forever #5 clk = ~clk;    //生成10ns周期的时钟信号
        end
//测试序列
initial begin
//初始化信号
        reset = 1;
        direction = 0;
        #10;                    //等待10ns以确保复位生效
        reset = 0;
//测试递增计数
        direction = 1;
        $monitor("Time = %0t, direction = %b, count = %d", $time, direction, count);
        #50; //等待几个时钟周期,观察递增计数
//测试递减计数
        direction = 0;
        #50; //等待几个时钟周期,观察递减计数
//再次测试递增计数,直到达到最大值
        direction = 1;
        #100;//等待更多时钟周期,观察递增计数及溢出处理
//复位计数器
        reset = 1;
        #10;
        reset = 0;
//可以继续添加测试序列,如多次改变方向、复位等
//结束仿真
        #10;
        $finish;                    //停止仿真
end
endmodule
```

4. 仿真波形

十进制加减法双向计数器的仿真波形如图 4-5 所示。

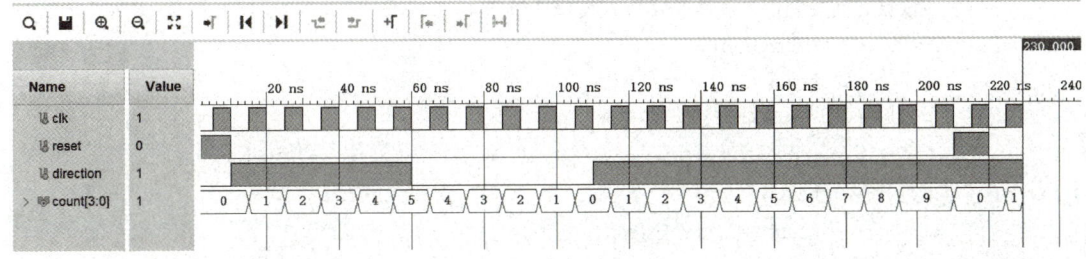

图 4-5　十进制加减法双向计数器的仿真波形

这个设计实现了一个简单的十进制双向计数器，在方向控制信号 direction 的控制下，计数器可以在 0～9 之间递增或递减。direction 为 1 时递增，当计数器达到最大值 9 时，如果继续递增，它将回 0；direction 为 0 时递减，当计数器达到最小值 0 时，如果继续递减，它将变为 9。这些行为是通过在 always 块中添加条件语句来实现的。

4.2.3　多功能双向计数器的设计与验证

1. 设计原理

实现一个多功能双向计数器，可以在基本的双向计数器基础上增加一些额外的功能，比如设置计数的最大值和最小值、可选的计数步长，以及复位时可以选择初始值等。

以下是一个基于 Verilog 的多功能双向计数器的设计与验证示例，设计模块为 multifunctional_updown_counter.v。

2. 源程序代码

```verilog
module multifunctional_updown_counter
    (
        input wire clk,                  //时钟信号
        input wire reset,                //复位信号
        input wire direction,            //方向控制信号：0 表示递减，1 表示递增
        input wire [3:0] step,           //计数步长
        input wire [3:0] init_val,       //复位时的初始值
        input wire [3:0] max_val,        //计数的最大值
        input wire [3:0] min_val,        //计数的最小值
        output reg [3:0] count           //计数值输出
    );
    //在复位时，将计数值初始化为 init_val
    always @(posedge clk or posedge reset)
    begin
        if (reset)
```

```
                count <= init_val;
            else
            begin
//根据方向控制信号和步长递增或递减计数值
                if (direction)
                begin
//递增计数，同时检查是否超出最大值
                    if (count + step <= max_val)
                    begin
                        count <= count + step;
                    end
                    else
//处理溢出情况，这里选择保持最大值
                        count <= max_val;
                    end
                else
                begin
//递减计数，同时检查是否小于最小值
                    if (count >= step)
                    begin
                        count <= count - step;
//检查是否小于最小值
                        if (count < min_val)
                            count <= min_val;
                    end
                    else
//处理下溢情况，这里选择保持最小值
                        count <= min_val;
                    end
                end
        end
endmodule
```

3．仿真验证代码

测试平台为 testbench_multifunctional_updown_counter.v。

```
module testbench_multifunctional_updown_counter;
//信号声明
reg clk;
reg reset;
reg direction;
reg [3:0] step;
reg [3:0] init_val;
```

```verilog
reg [3:0] max_val;
reg [3:0] min_val;
wire [3:0] count;
//实例化被测试模块
multifunctional_updown_counter uut (.clk(clk),.reset(reset),
            .direction(direction),.step(step),.init_val(init_val),
            .max_val(max_val),.min_val(min_val),.count(count));
//时钟信号生成
initial begin
        clk = 0;
        forever #5 clk = ~clk; //生成10ns周期的时钟信号
        end
//测试序列
initial begin
//初始化信号
        reset = 1;
        direction = 0;
        step = 4'd1;
        init_val = 4'd5;
        max_val = 4'd10;
        min_val = 4'd0;
        #10; //等待10ns以确保复位生效
        reset = 0;
//测试递增计数
        direction = 1;
        $monitor("Time = %0t, direction = %b, step = %d,
                count = %d", $time, direction,step,count);
        #50; //等待几个时钟周期，观察递增计数
//测试递减计数
        direction = 0;
        #50; //等待几个时钟周期，观察递减计数
//改变步长并测试递增计数
        step = 4'd2;
        direction = 1;
        #50; //等待几个时钟周期，观察递增计数
//复位计数器并设置新的初始值
        reset = 1;
        init_val = 4'd3;
        #10;
        reset = 0;
        #10; //等待一个时钟周期，验证初始值设置
//继续测试，直到达到最大值和最小值
```

```
            direction = 1;
            #100; //等待更多时钟周期，观察递增计数及溢出处理
            direction = 0;
            #100; //等待更多时钟周期，观察递减计数及下溢处理
        //结束仿真
            #10;
            $finish; //停止仿真
        end
        endmodule
```

4．仿真波形

多功能双向计数器的仿真波形如图 4-6 所示。

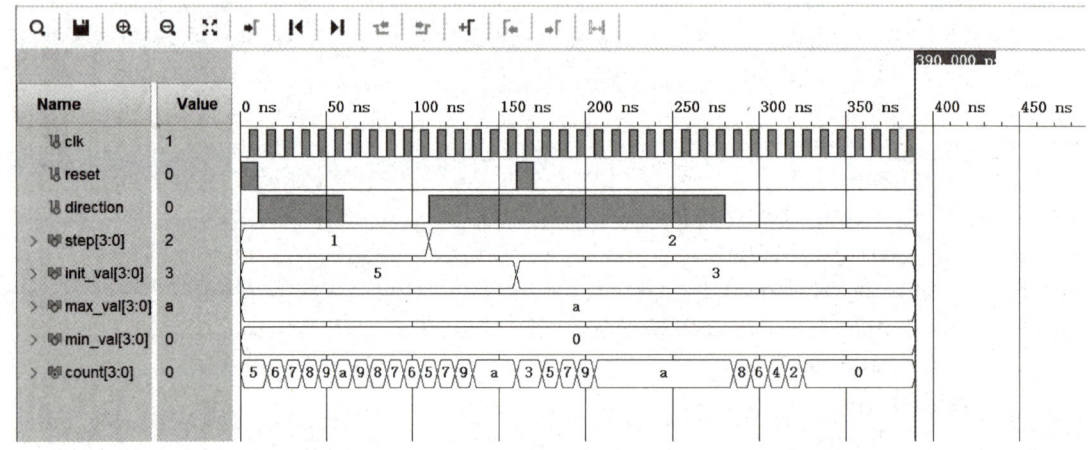

图 4-6　多功能双向计数器的仿真波形

通过仿真波形可以看到，复位信号 reset 处于高电平有效时，可以将计数器复位到复位初始值信号 init_val 设定的值 5 和 3。方向控制信号 direction 为 0 时计数器递减计数，为 1 时计数器递增计数。计数步长 step 设置为 1，每次计数加 1 或者减 1；step 设置为 2，每次计数加 2 或者减 2。计数的最大值 max_val 为 a（15）时，递增到该值后保持；计数的最小值 min_val 为 0 时，递减到该值后保持。

这个设计实现了一个多功能双向计数器的功能，它允许用户设置计数的步长、初始值、最大值和最小值。通过调整这些参数，用户可以灵活地控制计数器的行为。

【项目实施】 倒计时定时器的设计与验证

项目 4
【项目实施】
倒计时定时器
的设计与验证

倒计时定时器是一种能够按照预设时间进行倒计时的设备，当时间达到 0 时，通常会产生一个信号来表示计时结束。功能要求如下。

预设时间：定时器应该能够接收一个外部输入的预设时间，作为倒计时的起始值。

倒计时：在启动信号给出后，定时器开始倒计时，每秒（或每个时钟周期）减少一定的

时间值。

计时结束信号：当倒计时达到 0 时，定时器产生一个信号来表示计时结束。

复位功能：有一个复位信号，能够将定时器复位到初始状态，并可以重新接收新的预设时间。

可选的步长：定时器倒计时的步长可以是固定的（如每秒减 1），也可以是可配置的。

1. 设计原理

倒计时定时器的设计原理主要基于数字电路和时序逻辑，其核心思想是通过一个计数器来跟踪剩余的时间，并在每个时钟周期（或每个计时单位）递减计数器的值，直到达到 0 为止。

输入与初始化：定时器接收一个外部输入的预设时间，这通常是用户通过特定方式（如按键、旋钮或数字接口）设置的。在定时器启动时，计数器的初始值设置为这个预设时间。

计数与递减：定时器内部有一个计数器，用于存储当前剩余的时间。在每个时钟周期（或每个计时单位，如秒、毫秒等）内，计数器都会减少一个固定的值（步长），这通常是由定时器的时钟频率和内部逻辑决定的。如果定时器的时钟频率是已知的，并且步长是固定的，那么可以通过简单的数学计算来确定定时器的分辨率和计时范围。

结束检测：定时器内部由逻辑电路来检测计数器是否已经达到 0。当计数器达到 0 时，定时器会产生一个输出信号（如电平变化、脉冲等），表示计时结束。

复位与重新开始：定时器通常有一个复位输入，用于将计数器重置为初始值，以便重新开始计时。复位可以是同步的（与时钟信号同步），也可以是异步的（不依赖于时钟信号）。

可选功能：一些倒计时定时器可能具有额外的功能，如可配置的步长、中断输出、蜂鸣器驱动、显示接口等。

2. 源程序代码

以下是一个倒计时定时器示例，满足上述功能要求中的基本部分（固定步长倒计时），其设计模块为 countdown_timer.v。

```verilog
module countdown_timer(
    input wire clk,                //时钟信号
    input wire reset,              //复位信号
    input wire start,              //启动信号
    input wire [3:0] preset,       //预设时间（4 位，最大可表示 15）
    output reg [3:0] times,        //当前时间
    output reg timer_done          //计时结束信号
);
//在复位或启动信号有效时，将当前时间设置为预设时间
always @(posedge clk or posedge reset or posedge start)
 begin
     if (reset || start)
         begin
             times <= preset;
```

```
                timer_done <= 0;
            end
        else if (times > 0)
            begin
//每秒（或每个时钟周期）减少时间值
                times <= times - 1;
            end
        else
            begin
            //当时间到达 0 时，设置计时结束信号
                timer_done <= 1;
            end
    end
endmodule
```

3. 仿真验证代码

测试平台为 testbench_countdown_timer.v。

```
module testbench_countdown_timer;
//信号声明
    reg clk;
    reg reset;
    reg start;
    reg [3:0] preset;
    wire [3:0] times;
    wire timer_done;
//实例化被测试模块
    countdown_timer uut ( .clk(clk), .reset(reset), .start(start),
        .preset(preset), .times(times), .timer_done(timer_done));
//时钟信号生成
    initial begin
        clk = 0;
        forever #5 clk = ~clk;      //生成 10ns 周期的时钟信号
    end
//测试序列
    initial begin
//初始化信号
        reset = 1;
        start = 0;
        preset = 4'd10;             //预设时间为 10s
        #10;                        //等待 10ns 以确保复位生效
        reset = 0;
        start = 1;
```

```
                #10;              //给出启动信号
                start = 0;        //启动信号应为脉冲信号，所以这里拉低
        //监控倒计时过程
                $monitor("Time = %0t, preset = %d, time = %d, timer_done = %b", $time, preset, times, timer_done);
        //等待倒计时结束
                #100;             //等待足够长的时间，观察倒计时过程及计时结束信号
        //复位定时器并设置新的预设时间
                reset = 1;
                preset = 4'd5;    //新的预设时间为5s
                #10;
                reset = 0;
                start = 1;
                #10;
                start = 0;
        //再次等待倒计时结束
                #50;              //等待足够长的时间，观察新的倒计时过程及计时结束信号
        //结束仿真
                #10;
                $finish;          //停止仿真
        end
    endmodule
```

4．仿真波形

倒计时定时器的仿真波形如图4-7所示。

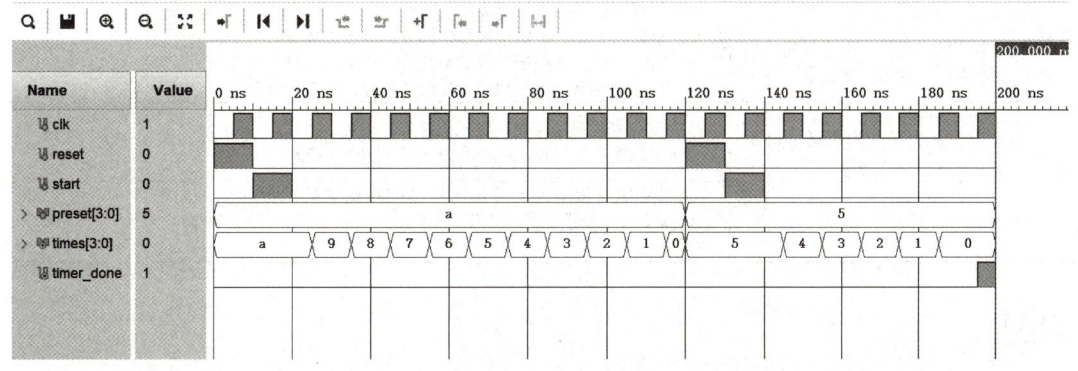

图4-7　倒计时定时器的仿真波形

通过仿真波形可以看到，复位信号 reset 高电平有效时，将计数器复位到预设时间信号 preset 设定的值，启动信号 start 从高电平变为低电平后，在时钟脉冲的作用下，定时器开始倒计时。如果预设时间信号 preset 设定的值为 10，则从 10 开始倒计时；如果预设时间信号 preset 设定的值为 5，则从 5 开始倒计时，在到达 0 时产生计时结束信号，timer_done

从 0 变为 1。

这个设计实现了一个基本的倒计时定时器，它满足了倒计时定时器的基本功能要求。如果需要实现更复杂的功能，如可配置的步长或更复杂的控制逻辑，可以在此基础上进行扩展和修改。

【项目评价】

项目名称：　　　　　　　　　　　项目承接人姓名：　　　　　日期：

倒计时定时器的设计与验证

项目要求	得分标准	得分情况
项目分析（10 分） 项目分析合理，项目准备单填写准确	项目准备单填写合理性评价（每合理 1 条得 1 分，满分 10 分）	
关键要求一（15 分） 能熟练掌握二进制和非二进制减法计数器的工作原理，并根据其工作原理设计其源程序和测试程序	1. 熟练掌握二进制和非二进制减法计数器的工作原理（5 分） 2. 二进制和非二进制减法计数器的源程序设计正确（5 分） 3. 二进制和非二进制减法计数器的测试程序设计正确（5 分）	
关键要求二（10 分） 能理解多功能减法计数器的工作原理，并根据其工作原理设计其源程序和测试程序	1. 理解多功能减法计数器的工作原理（5 分） 2. 多功能减法计数器的源程序和测试程序设计正确（5 分）	
关键要求三（15 分） 能理解二进制和非二进制双向计数器的工作原理，并设计二进制和非二进制双向计数器的源程序和测试程序	1. 理解二进制和非二进制双向计数器的工作原理（5 分） 2. 二进制双向计数器的源程序和测试程序设计合理，仿真验证波形正确（5 分） 3. 非二进制双向计数器的源程序和测试程序设计合理，仿真验证波形正确（5 分）	
关键要求四（10 分） 能理解多功能双向计数器的工作原理，并设计多功能双向计数器的源程序和测试程序	1. 理解多功能双向计数器的工作原理（5 分） 2. 多功能双向计数器的源程序和测试程序设计合理准确，仿真验证波形正确（5 分）	
关键要求五（15 分） 能理解倒计时定时器的工作原理，并设计其源程序和测试程序	1. 理解倒计时定时器的工作原理（5 分） 2. 倒计时定时器的源程序和测试程序设计合理，仿真验证波形正确（10 分）	
项目汇报（10 分） 汇报内容清晰、重点突出、时间把握合理、衣着整洁、仪态自然大方	1. 汇报内容不清晰（每处扣 1 分） 2. 重点不突出（根据情况酌情扣分，最多扣 3 分） 3. 衣着不整洁（根据情况酌情扣分，最多扣 3 分） 4. 仪态不自然大方（根据情况酌情扣分，最多扣 3 分）	
职业道德和职业核心能力（10 分） 了解国家行业发展，能有效分析信息，并对专业文化有认同感	1. 没有体现国家行业发展（扣 3 分） 2. 信息搜集不完善，缺乏有效分析（扣 1～5 分）	
创新创意（5 分）	项目完成过程中，能结合国家对行业发展新要求，应用新技术、新方法、新理论等，创新解决问题（每点附加 1 分，最高附加 5 分）	

习题

简答题

1. 用 verilog 编写 3 位二进制减法计数器的程序并验证。
2. 用 verilog 编写七进制减法计数器的程序并验证。
3. 用 verilog 编写八进制双向计数器的程序并验证。
4. 用 verilog 编写 15s 倒计时定时器的程序并验证。

项目 5　多位数码管动态扫描电路的设计与验证

本项目系统性地引导学生掌握组合逻辑电路（数据选择器、译码器、编码器）与时序逻辑电路（分频器）的综合应用。通过 Vivado 开发平台，学生将逐步完成从基础逻辑模块设计到复杂人机交互系统的开发，最终实现多位数码管动态显示功能，内容涵盖数字显示控制中的扫描频率优化、消隐处理、数据刷新等关键技术。项目强调"模块独立设计→功能验证→系统集成"的工程化开发流程，培养学生解决实际问题的能力。

知识目标	技能目标	素养目标
◇ 理解数据选择器的通道切换逻辑及二进制/非二进制编码规则差异 ◇ 掌握译码器（如 3-8 译码器）与编码器（如优先编码器）的功能特性及真值表推导方法 ◇ 掌握数码管的共阳/共阴结构、段码表设计及动态扫描原理 ◇ 掌握分频器的工作原理及其在动态扫描频率控制中的应用	◇ 能设计 4 选 1、8 选 1 数据选择器并验证通道切换功能 ◇ 能实现 BCD 码到七段数码管译码器，支持 0～9 数字显示 ◇ 能设计可调分频器，满足不同扫描频率需求 ◇ 能将数据选择器与译码器结合，实现多位数码管数据分配与显示驱动 ◇ 能通过仿真波形分析段码错误、位选冲突等典型问题	◇ 具备"需求分解→接口标准化→模块复用"的工程化意识 ◇ 具备可靠性意识 ◇ 具备编程规范意识 ◇ 具备创新意识

【思维导图】

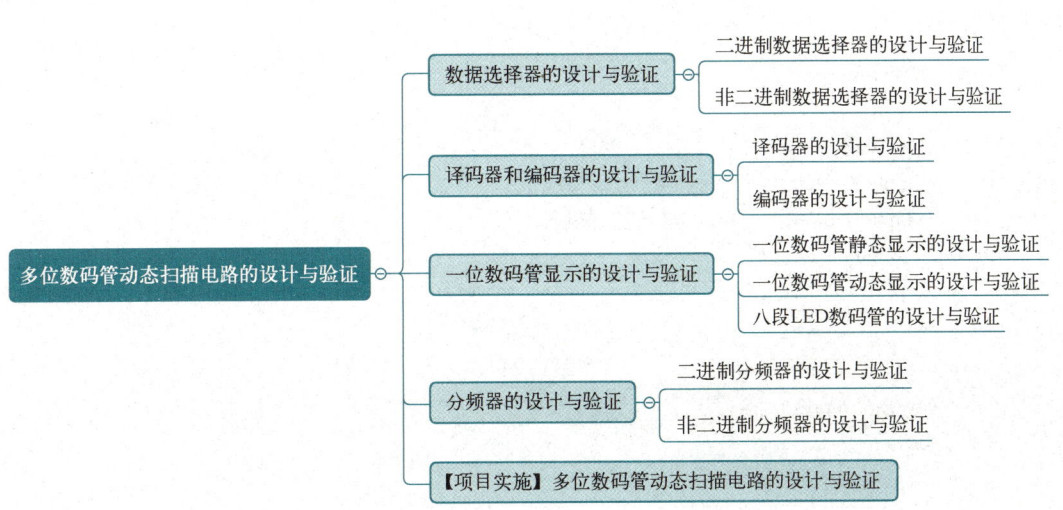

任务 5.1　数据选择器的设计与验证

5.1.1　二进制数据选择器的设计与验证

数据选择器（Data Selector）也称为多路选择器（Multiplexer，MUX），是数字电路中重要的组件。其主要功能是根据特定的选择输入信号，从多个数据输入信号中挑选出一个，并将其作为输出信号。数据选择器在计算机、通信系统以及各类数字系统中均有着广泛的应用，主要用于数据传输、选择及分配等场景。

5.1.1
二进制数据选择器的设计与验证

数据选择器主要由多组数据输入端口构成，每个端口连接一个独立的数据源。而选择输入的位宽决定了可寻址的输入端口数量（例如，n 位选择信号可对应 2^n 个输入端口）。其内部通过解码器、与门、或门等逻辑电路解析选择输入的值，将其转换为独热码并激活对应的通道控制逻辑，从而仅导通与选择信号匹配的数据输入，同时阻断其他所有输入。最终，被选中的信号直接或经过简单逻辑处理后传递至输出端，确保输出与输入一致。数据选择器通过这种机制实现多路数据的可控切换，广泛应用于数字电路中的信号路由、数据分配等场景。若数据选择器设计为三态输出（即高电平、低电平及高阻态），则在未选中任何数据输入时，输出可能呈现高阻态，以避免对后续电路产生不必要的干扰。

在 Verilog HDL 环境中，数据选择器通常被设计为一个模块（module）。该模块会接收数据输入、选择输入及输出等信号，并基于选择输入的值来决定哪个数据输入应被传递至输出。

1. 设计原理

本任务实现一个简单的 4 选 1 数据选择器，它根据 2 位的选择输入从 4 个输入数据中选择 1 个作为输出。

2. 源程序代码

```verilog
module mul4_1(
    input [3:0]in,          //4 个输入数据
    input [1:0]ctrl,        //2 位选择输入
    output reg out          //输出
);
initial
out=1'b0;
always@(ctrl or in)
    begin
        case(ctrl)
            2'b00:out<=in[0];
            2'b01:out<=in[1];
            2'b10:out<=in[2];
            2'b11:out<=in[3];
```

```
        endcase
    end
endmodule
```

3. 仿真验证代码

```
module test_mul4_1(  );
    reg [3:0]in;
    reg [1:0]ctrl;
    wire out;
    //实例化
    mul4_1 u1(.in(in),.ctrl(ctrl),.out(out));
    //产生激励信号 ctrl 和输入信号 in
    initial
      begin
        ctrl=2'b00;in=4'b0001;#10;
        ctrl=2'b00;in=4'b0000;#30;
        ctrl=2'b01;in=4'b0010;#10;
        ctrl=2'b01;in=4'b0000;#30;
        ctrl=2'b10;in=4'b0100;#10;
        ctrl=2'b10;in=4'b0000;#30;
        ctrl=2'b11;in=4'b1000;#10;
        ctrl=2'b11;in=4'b0000;#30;
      end
endmodule
```

4. 仿真波形

4 选 1 二进制数据选择器的仿真波形如图 5-1 所示。

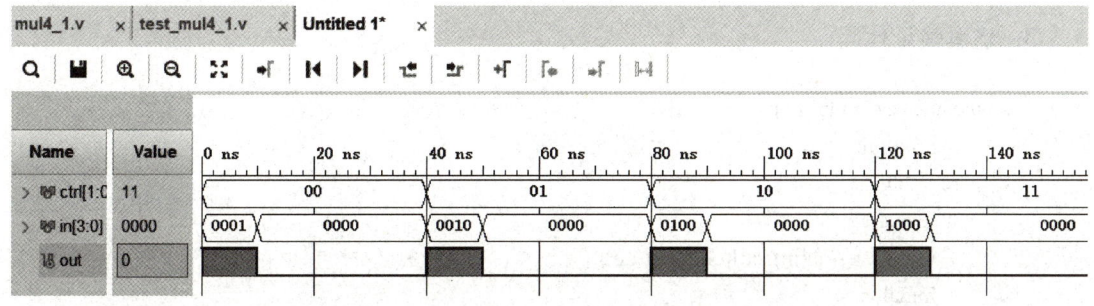

图 5-1　4 选 1 二进制数据选择器的仿真波形

通过仿真波形可以看到，当 ctrl 为二进制"00"时，输出信号 out 和 in[0]一样；当 ctrl 为二进制"01"时，输出信号 out 和 in[1]一样；当 ctrl 为二进制"10"时，输出信号 out 和 in[2]一样；当 ctrl 为二进制"11"时，输出信号 out 和 in[3]一样。

5.1.2 非二进制数据选择器的设计与验证

1. 设计原理

非二进制数据选择器通常指的是数据输入的数量不是 2^n 关系的数据选择器。在 Verilog 中,实现这样的选择器并不复杂,仍然可以使用 case 语句或者 if-else 语句来根据选择输入决定哪个输入数据被选中。以下是一个简单的 5 选 1 数据选择器的 Verilog 实现与验证。

2. 源程序代码

```verilog
module mul5_1(
    input [4:0]in,      //5 个输入数据
    input [2:0]ctrl,    //3 位选择输入
    output reg out      //输出
    );
    initial
    out=1'b0;
    always@(ctrl or in)
    begin
      case(ctrl)
        3'b000:out<=in[0];
        3'b001:out<=in[1];
        3'b010:out<=in[2];
        3'b011:out<=in[3];
        3'b100:out<=in[4];
        default:out<=1'bz;
      endcase
    end
endmodule
```

3. 仿真验证代码

```verilog
module test_mul5_1( );
    reg [4:0]in;
    reg [2:0]ctrl;
    wire out;
    mul5_1 u1(.in(in),.ctrl(ctrl),.out(out));
    initial
      begin
        ctrl=3'b000;in=5'b00001;#10;
        ctrl=3'b000;in=5'b00000;#30;
        ctrl=3'b001;in=5'b00010;#10;
        ctrl=3'b001;in=5'b00000;#30;
```

```
                ctrl=3'b010;in=5'b00100;#10;
                ctrl=3'b010;in=5'b00000;#30;
                ctrl=3'b011;in=5'b01000;#10;
                ctrl=3'b011;in=5'b00000;#30;
                ctrl=3'b100;in=5'b10000;#10;
                ctrl=3'b100;in=5'b00000;#30;
            end
        endmodule
```

4．仿真波形

5选1数据选择器的仿真波形如图5-2所示。

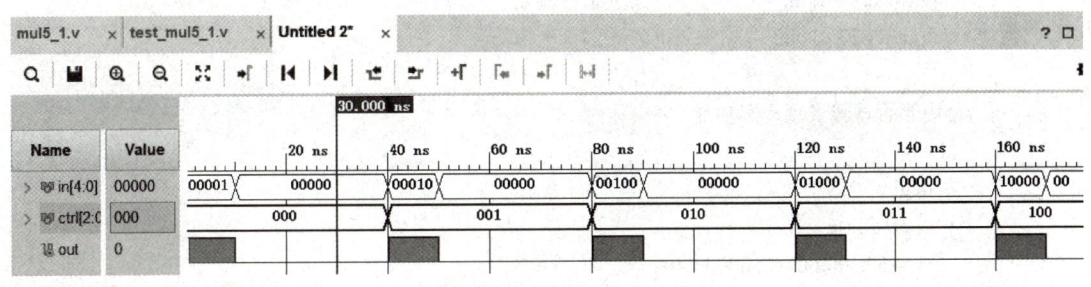

图5-2　5选1数据选择器的仿真波形

通过仿真波形可以看到，当ctrl为二进制"000"时，输出信号out和in[0]一样；当ctrl为二进制"001"时，输出信号out和in[1]一样；当ctrl为二进制"010"时，输出信号out和in[2]一样；当ctrl为二进制"011"时，输出信号out和in[3]一样；当ctrl为二进制"100"时，输出信号out和in[4]一样。

任务 5.2　译码器和编码器的设计与验证

5.2.1　译码器的设计与验证

译码器（Decoder）是一种数字电路组件，其主要功能是将输入的二进制编码信号转换为对应的输出信号。这种转换通常是将一种编码形式转换为另一种更适合特定应用的形式，例如将二进制编码转换为独热码。

5.2.1
译码器的设计
与验证

1．设计原理

译码器的原理是基于输入信号的组合逻辑，通过内部电路实现对不同输入编码的识别和响应。

输入编码：译码器接收一个固定位数的二进制输入信号，这个信号代表了一个特定的编码值。

内部逻辑：译码器内部包含一组逻辑电路，这些电路根据输入信号的编码值来产生相应的输出。

输出信号：根据输入编码的不同，译码器会在其输出端产生不同的信号。对于独热码译码器来说，输出信号通常是一组互斥的、只有一位为高电平的信号。这意味着对于任何一个输入编码，译码器的输出中只有与输入编码对应的那一位会被置为高电平，其他位则保持低电平。

下面以一个 3-8 线译码器（即输入是 3 位二进制数，输出是 8 位的独热码）为例介绍译码器的设计与验证。

2. 源程序代码

```verilog
module decoder_3to8(
    input wire [2:0] in,       //3 位二进制数输入
    output reg [7:0] out       //8 位独热码输出
    );
//使用组合逻辑实现译码功能
    always @(*)
        begin
            case(in)
                3'b000:out=8'b00000001;
                3'b001:out=8'b00000010;
                3'b010:out=8'b00000100;
                3'b011:out=8'b00001000;
                3'b100:out=8'b00010000;
                3'b101:out=8'b00100000;
                3'b110:out=8'b01000000;
                3'b111:out=8'b10000000;
            endcase
        end
endmodule
```

3. 仿真验证代码

```verilog
module tb_decoder_3to8;
    //声明输入/输出信号
    reg [2:0] in;
    wire [7:0] out;
    //实例化译码器
    decoder_3to8 uut (.in(in),.out(out));
    //初始化过程
    initial begin
    //打印输出波形
    $monitor("Time = %0t, in = %b, out = %b", $time, in, out);
```

```
        //施加测试向量
            in = 3'b000; #10;
            in = 3'b001; #10;
            in = 3'b010; #10;
            in = 3'b011; #10;
            in = 3'b100; #10;
            in = 3'b101; #10;
            in = 3'b110; #10;
            in = 3'b111; #10;
            in = 3'bXXX; #10; //施加无效输入,验证默认情况
        //结束仿真
            $stop;
        end
endmodule
```

4. 仿真波形

控制台应打印出以下信息(时间戳可能不同):

```
Time = 0,  in = 000, out = 00000001
Time = 10, in = 001, out = 00000010
Time = 20, in = 010, out = 00000100
Time = 30, in = 011, out = 00001000
Time = 40, in = 100, out = 00010000
Time = 50, in = 101, out = 00100000
Time = 60, in = 110, out = 01000000
Time = 70, in = 111, out = 10000000
Time = 80, in = XXX, out = 00000000
```

3-8线译码器的仿真波形如图 5-3 所示。

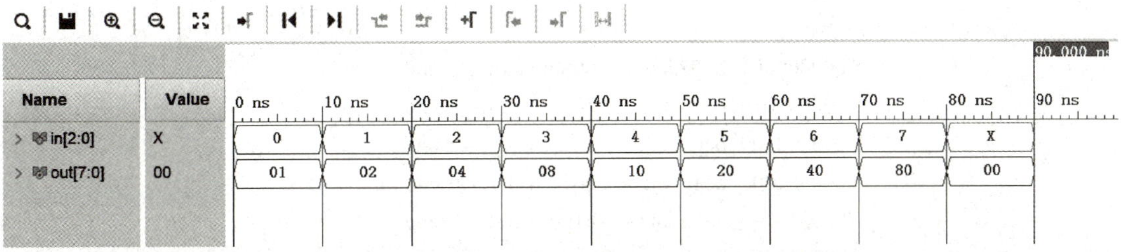

图 5-3 3-8 线译码器的仿真波形

从仿真波形可以看到,当输入信号为 0 时,输出十六进制数 01;当输入信号为 1 时,输出十六进制数 02;依此类推,当输入信号为 7 时,输出十六进制数 80;当输入信号为 X 时,输出十六进制数 00。如果仿真结果与预期相符,则说明译码器设计正确。如果有任何不符,需要回到设计代码中进行检查和修改。

5.2.2 编码器的设计与验证

编码器（Encoder）是一种数字电路组件，与译码器相反，它的主要功能是将一种形式的信号（通常是多个输入信号）转换为另一种形式的编码信号（通常是二进制数或其他形式的数字编码）。编码器的工作原理也是基于组合逻辑，通过内部电路实现对输入信号的编码转换。

1. 设计原理

输入信号：编码器接收一组输入信号，这些信号可以是来自传感器、开关、按钮或其他数字电路的输出。输入信号的数量和类型取决于编码器的设计和应用需求。

内部逻辑：编码器内部包含一组逻辑电路，这些电路根据输入信号的状态（高电平或低电平）来产生相应的编码输出。

编码输出：根据输入信号的状态，编码器会在其输出端产生相应的编码信号。这个编码信号可以是二进制数、格雷码、BCD 码或其他形式的数字编码，具体取决于编码器的设计。

下面以一个简单的 8-3 线优先编码器为例，它有 8 位输入信号和 3 位二进制输出。当任意一个输入信号为高电平时，编码器会将其对应的二进制编码输出到 3 位输出端上。如果多个输入信号同时为高电平，编码器会输出 X。

2. 源程序代码

```verilog
module encoder_8to3(
    input [7:0] in,              //8 位输入
    output reg [2:0] out,        //3 位二进制输出
    output reg valid             //输出有效标志
);

always @(*)
  begin
    valid = 0; //Default to invalid output
    case (in)
      8'b00000001: begin out = 3'b000; valid = 1; end
      8'b00000010: begin out = 3'b001; valid = 1; end
      8'b00000100: begin out = 3'b010; valid = 1; end
      8'b00001000: begin out = 3'b011; valid = 1; end
      8'b00010000: begin out = 3'b100; valid = 1; end
      8'b00100000: begin out = 3'b101; valid = 1; end
      8'b01000000: begin out = 3'b110; valid = 1; end
      8'b10000000: begin out = 3'b111; valid = 1; end
      default: begin out = 3'bxxx; valid = 0; end
    endcase
  end
endmodule
```

在这个设计中，使用了 case 语句来根据输入向量的值设置输出编码和有效标志。

 注意：在默认情况下，将输出设置为不定态（3'bxxx），并将有效标志设置为 0，以表示输入是无效的。

3. 仿真验证代码

```verilog
module tb_encoder_8to3;
    //声明输入和输出信号
    reg [7:0] in;
    wire [2:0] out;
    wire valid;
    //实例化编码器
    encoder_8to3 uut (
        .in(in),
        .out(out),
        .valid(valid)
    );
    //初始测试向量应用的初始块
    initial begin
    //监控输出
    $monitor("Time = %0t, in = %b, out = %b, valid = %b", $time, in, out, valid);
    //应用测试向量
     in = 8'b00000001; #10;
     in = 8'b00000010; #10;
     in = 8'b00000100; #10;
     in = 8'b00001000; #10;
     in = 8'b00010000; #10;
     in = 8'b00100000; #10;
     in = 8'b01000000; #10;
     in = 8'b10000000; #10;
    //测试优先级（如果有多个输入都是高优先级，应该先编码优先级最高的那个）
     in = 8'b00000110; #10; //Should output for in which is 3'b010
     in = 8'b11111111; #10; //Invalid input, should output undefined and valid = 0
    //结束模拟
    $stop;
    end
endmodule
```

4. 仿真波形

8-3 线优先编码器的仿真波形如图 5-4 所示。

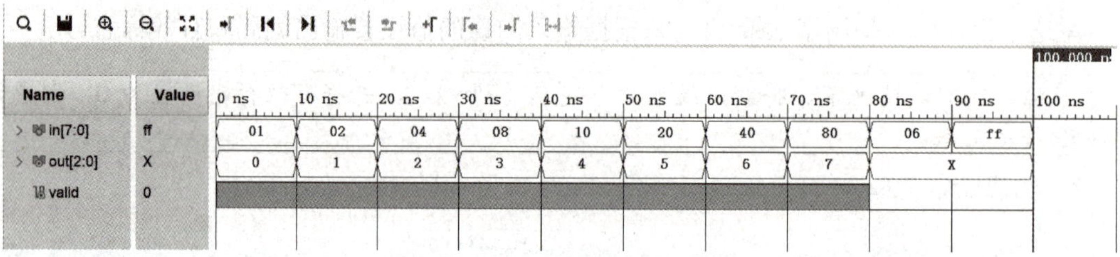

图 5-4 8-3 线优先编码器的仿真波形

从仿真波形可以看到，当任意一个输入信号为高电平时，编码器会将其对应的二进制编码输出到 3 位输出端上。例如，当输入信号为 01 时，输出 0；当输入信号为 02 时，输出 1；依此类推，此时输出有效标志为 1。如果多个输入信号同时为高电平，编码器输出 xxx，此时输出有效标志为 0。

任务 5.3 一位数码管显示的设计与验证

5.3.1 一位数码管静态显示的设计与验证

数码管静态显示的工作原理：通过控制每个 LED 发光二极管的亮灭状态来组成并显示数字或符号。

数码管结构：数码管由多个发光二极管组成，每个数码管可以显示数字 0~9 或其他符号。这些发光二极管按照特定的排列方式组合在一起，形成可以显示不同字符的段选结构。

控制原理：在静态显示中，每个数码管的段选必须接一个数据线来保持显示的字形码。通常使用的是共阳极数码管或共阴极数码管。对于共阳极数码管，所有发光二极管的阳极连接在一起，形成公共阳极，而阴极分别接在控制芯片的不同引脚上。当要显示某个数字时，控制芯片通过引脚输出相应的高低电平，控制各个发光二极管的亮灭状态，从而组成并显示所需的数字或符号。共阴极数码管的工作原理类似，只是控制的是发光二极管阳极的高电平或低电平。

静态显示过程：当送入一次字形码后，显示的字形码可以一直保持，直到送入新的字形码为止。这种显示方式称为静态显示，因为它不需要不断地刷新显示内容，而是保持稳定的显示状态。

1. 设计原理

以下是用 Verilog 实现一位数码管静态显示的例子，设计一个模块来控制数码管的段选信号，以便显示特定的数字。通常，一位数码管有 7 个段（a, b, c, d, e, f, g），通过控制这些段的亮灭可以显示数字 0~9。

2. 源程序代码

```
module segment_display(
    input [3:0] num,         //输入的 4 位二进制数，表示要显示的数字（0~9）
```

```verilog
            output reg [6:0] seg     //输出的7段数码管控制信号
);
            always @(*)              //表示这是一个组合逻辑,它会根据num的值来设置seg的值
            begin
                case (num)
                4'd0: seg = 7'b1111110;    //显示0
                4'd1: seg = 7'b0110000;    //显示1
                4'd2: seg = 7'b1101101;    //显示2
                4'd3: seg = 7'b1111001;    //显示3
                4'd4: seg = 7'b0110011;    //显示4
                4'd5: seg = 7'b1011011;    //显示5
                4'd6: seg = 7'b1011111;    //显示6
                4'd7: seg = 7'b1110000;    //显示7
                4'd8: seg = 7'b1111111;    //显示8
                4'd9: seg = 7'b1111011;    //显示9
                default: seg = 7'b0000000; //默认关闭所有段
                endcase
            end
endmodule
```

3. 仿真验证代码

```verilog
module tb_segment_display;
//声明输入输出信号
            reg [3:0] num;
            wire [6:0] seg;
//实例化数码管显示模块
            segment_display uut (.num(num),.seg(seg));
//初始化过程
            initial begin
//打印输出波形
                $monitor("Time = %0t, num = %d, seg = %b", $time, num, seg);
//施加测试向量
                num = 4'd0; #10;num = 4'd1; #10;
                num = 4'd2; #10;num = 4'd3; #10;
                num = 4'd4; #10;num = 4'd5; #10;
                num = 4'd6; #10;num = 4'd7; #10;
                num = 4'd8; #10;num = 4'd9; #10;
//结束仿真
                $stop;
            end
endmodule
```

4. 仿真波形

控制台应打印出类似以下的信息（时间戳可能不同）：

```
Time = 0, num = 0, seg = 1111110
Time = 10, num = 1, seg = 0110000
Time = 20, num = 2, seg = 1101101
Time = 30, num = 3, seg = 1111001
Time = 40, num = 4, seg = 0110011
Time = 50, num = 5, seg = 1011011
Time = 60, num = 6, seg = 1011111
Time = 70, num = 7, seg = 1110000
Time = 80, num = 8, seg = 1111111
Time = 90, num = 9, seg = 1111011
```

一位数码管（以共阴极数码管为例）静态显示的仿真波形如图 5-5 所示。

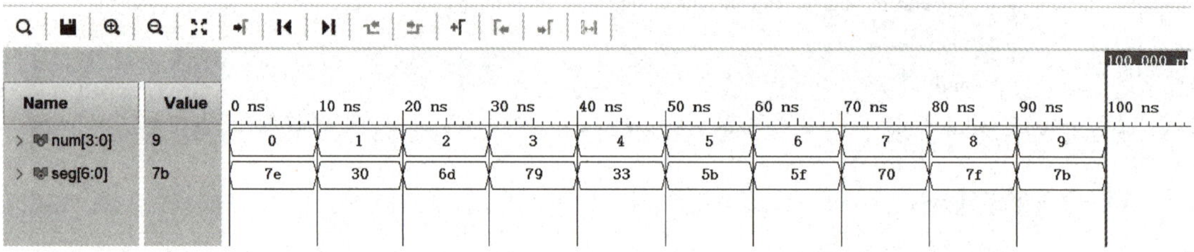

图 5-5　一位数码管（以共阴极数码管为例）静态显示的仿真波形

从仿真图可以看到，当 4 位二进制输入 num 为 0000 时，seg 输出 1111110，此时数码管上显示数字 0；当 4 位二进制输入 num 为 0001 时，seg 输出 0110000，此时数码管上显示数字 1；依此类推，数码管上可以依次显示 0～9 共 10 个数字。

如果仿真结果与预期相符，那么数码管显示模块的设计就是正确的。如果有任何不符，需要回到设计代码中检查并修正错误。

5.3.2　一位数码管动态显示的设计与验证

数码管动态显示的工作原理是基于时分复用技术，通过快速切换不同数码管的显示内容，在人的视觉暂留效应下，呈现效果像是所有数码管同时显示不同的数字或字符。

（1）动态显示的基本原理

数码管的排列：通常，数码管是按照一定顺序排列的，例如从左到右。

位选控制：每个数码管都有一个位选信号，用于控制该数码管的显示状态。在动态显示中，这些位选信号会依次被选中，使得每个数码管在某一时刻成为"当前"数码管。

段选控制：与静态显示类似，动态显示也需要控制数码管的各个段（a、b、c、d、e、f、g），以显示特定的数字或字符。但是，在动态显示中，段选信号是根据当前选中的数码管来设置的。

快速切换：通过快速地切换位选信号，使得每个数码管都有机会成为"当前"数码管，并且显示其对应的数字或字符。由于人的视觉具有暂留效应，当切换速度足够快时，人眼无法察觉到切换的过程，从而看起来像是所有数码管同时显示不同的内容。

扫描频率：位选信号的切换速度称为扫描频率。扫描频率需要足够高，以确保人眼无法察觉到切换的过程。同时，扫描频率也不能过高，以免引起不必要的电磁干扰或增加功耗。

（2）动态显示的工作过程

初始化：设置初始的段选和位选信号，确保所有数码管都处于关闭状态。

开始扫描：按照预定的顺序开始扫描数码管。每次扫描时，选中一个数码管作为"当前"数码管，并设置其对应的段选信号，以显示所需的数字或字符。

保持显示：在选中一个数码管后，保持其显示状态一段时间（即扫描周期的一部分），以便人眼能够捕捉到该数码管的显示内容。

切换数码管：在保持显示一段时间后，切换到下一个数码管进行显示。重复此过程，直到所有数码管都被扫描一遍。

循环扫描：完成一轮扫描后，重新开始下一轮扫描，以确保所有数码管都能够持续显示正确的内容。

（3）注意事项

扫描频率：扫描频率需要根据人眼的视觉暂留效应和数码管的响应时间来选择。通常，扫描频率为几十赫兹到几百赫兹。

亮度均匀性：由于动态显示依赖快速切换过程，因此可能导致不同数码管的亮度不均匀。为了解决这个问题，可以采用调整扫描时间、使用恒流源驱动数码管等方法。

抗干扰性：在动态显示中，由于需要快速切换位选信号和段选信号，因此可能会产生电磁干扰。为了减小干扰，可以采取屏蔽措施、使用低阻抗的驱动电路等方法。

1. 设计原理

在实际应用中，动态显示通常涉及多个数码管，为了简化问题，这里只关注一位数码管的动态显示。不过，即使是一位数码管，也可以模拟位选和段选的控制逻辑。

下面是一个简化的一位数码管的动态显示示例。由于只有 1 位，这里的"动态"主要体现在如何模拟控制这个数码管的段选信号。

2. 源程序代码

```verilog
module segment_display_dynamic(
        input clk,              //时钟信号
        input reset,            //复位信号
        input [3:0] num,        //输入的 4 位二进制数，表示要显示的数字（0～9）
        output reg [6:0] seg    //输出的 7 段数码管控制信号
);
//定义一个内部寄存器来模拟位选信号（在这个例子中其实不需要，因为只有 1 位）
//定义一个计数器来控制刷新频率
        reg [7:0] counter;
```

```verilog
//时钟和复位逻辑
    always @(posedge clk or posedge reset)
        begin
        if (reset)
            begin
            counter <= 0;
            seg <= 7'b0000000;        //默认关闭所有段
            end
        else
            begin
            counter <= counter + 1;
//在这里,不需要真正的位选切换,因为只有一个数码管
//但是可以模拟一个刷新周期,比如每 256 个时钟周期刷新一次
            if (counter == 255)
                begin
                counter <= 0;
//根据 num 的值设置 seg 的值
                case (num)
                4'd0: seg <= 7'b1111110;
                4'd1: seg <= 7'b0110000;
                4'd2: seg <= 7'b1101101;
                4'd3: seg <= 7'b1111001;
                4'd4: seg <= 7'b0110011;
                4'd5: seg <= 7'b1011011;
                4'd6: seg <= 7'b1011111;
                4'd7: seg <= 7'b1110000;
                4'd8: seg <= 7'b1111111;
                4'd9: seg <= 7'b1111011;
                default: seg <= 7'b0000000; //默认关闭所有段
                endcase
                end
            end
        end
endmodule
```

> **说明**:在这个模块中,添加了一个时钟信号 clk 和一个复位信号 reset。使用一个内部计数器 counter 来模拟一个刷新周期,每当计数器达到某个值时(在这个例子中是 255),根据 num 的值来更新 seg 的值。

3. 仿真验证代码

```verilog
module tb_segment_display_dynamic;
```

```verilog
//声明输入输出信号
        reg clk;
        reg reset;
        reg [3:0] num;
        wire [6:0] seg;
//实例化数码管显示模块
        segment_display_dynamic uut (.clk(clk),.reset(reset),.num(num),
            .seg(seg));
//时钟生成
        initial clk = 0;
        always #5 clk = ~clk; //10ns 时钟周期
//初始化过程
        initial begin
//打印输出波形
        $monitor("Time = %0t, num = %d, seg = %b", $time, num, seg);
//初始化信号
            reset = 1;
            num = 4'd0;
//释放复位信号
            #10 reset = 0;
//施加测试向量
            #50 num = 4'd1;
            #50 num = 4'd2;
            #50 num = 4'd3;
            #50 num = 4'd4;
            #50 num = 4'd5;
            #50 num = 4'd6;
            #50 num = 4'd7;
            #50 num = 4'd8;
            #50 num = 4'd9;
//结束仿真
            #50 $stop;
        end
endmodule
```

4. 仿真波形

在这个例子中，由于只有一个数码管，并且没有真正的位选信号，所以"动态"显示就体现在如何根据时钟信号周期性地更新段选信号上。在实际的多位数码管动态显示中，需要额外的位选信号控制逻辑，以实现依次选中每个数码管进行显示。

一位数码管动态显示的仿真波形如图 5-6 所示。

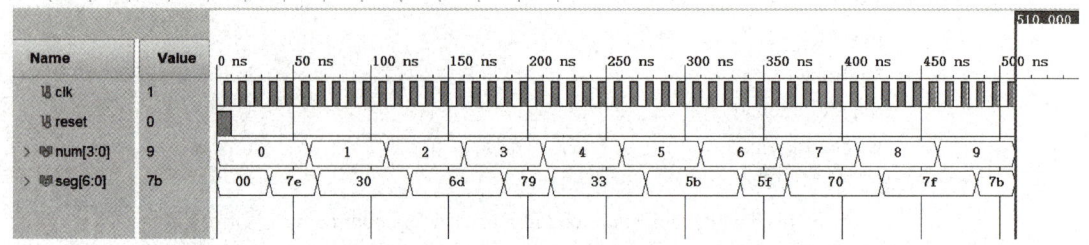

图 5-6 一位数码管动态显示的仿真波形

从仿真波形可以看到，复位信号高电平有效时，数码管被复位，七个发光段都不发光；当 4 位二进制输入 num 为 0000 时，seg 输出 1111110，此时数码管上显示数字 0；当 4 位二进制输入 num 为 0001 时，seg 输出 0110000，此时数码管上显示数字 1；依此类推，数码管上可以依次显示 0~9 共 10 个数字。

> **说明**：计数值太大时，在仿真波形中无法观测到数码管上数字的变化，因此在实际仿真时，将 count 的计数值设置成 2，以便于观测仿真结果。

5.3.3 八段 LED 数码管的设计与验证

1. 设计原理

在 Verilog 中实现一个八段 LED 数码管的设计与验证，主要关注如何根据输入的数字信号来控制数码管的各段 LED 灯，以便显示正确的数字。由于只实现一个数码管，因此不需要考虑位选信号，只需要关注段选信号即可。

2. 源程序代码

```verilog
module segment_display_8(
    input [3:0] num,        //输入的 4 位二进制数，表示要显示的数字（0~9）
    output reg [7:0] seg    //输出的 8 段数码管控制信号（包括小数点）
);
    always @(*) begin
        case (num)
            4'd0: seg = 8'b11111100;    //0 的段选信号，假设小数点不亮
            4'd1: seg = 8'b01100000;    //1 的段选信号
            4'd2: seg = 8'b11011010;    //2 的段选信号
            4'd3: seg = 8'b11110010;    //3 的段选信号
            4'd4: seg = 8'b01100110;    //4 的段选信号
            4'd5: seg = 8'b10110110;    //5 的段选信号
            4'd6: seg = 8'b10111110;    //6 的段选信号
            4'd7: seg = 8'b11100000;    //7 的段选信号
            4'd8: seg = 8'b11111110;    //8 的段选信号，全亮
            4'd9: seg = 8'b11110110;    //9 的段选信号
```

项目 5　多位数码管动态扫描电路的设计与验证

```
                default: seg = 8'b00000000;      //默认关闭所有段
                endcase
            end
endmodule
```

3. 仿真验证代码

```verilog
module tb_segment_display_8;
//声明信号
    reg [3:0] num;
    wire [7:0] seg;
//实例化数码管显示模块
    segment_display_8 uut (.num(num),.seg(seg));
//初始化过程
    initial begin
//打印输出波形
        $monitor("Time = %0t, num = %d, seg = %b", $time, num, seg);
//施加测试向量
        num = 4'd0; #10;        num = 4'd1; #10;
        num = 4'd2; #10;        num = 4'd3; #10;
        num = 4'd4; #10;        num = 4'd5; #10;
        num = 4'd6; #10;        num = 4'd7; #10;
        num = 4'd8; #10;        num = 4'd9; #10;
//结束仿真
        $stop;
    end
endmodule
```

4. 仿真波形

八段 LED 数码管（以共阳极数码管为例）的仿真波形如图 5-7 所示。

Name	Value	0 ns	10 ns	20 ns	30 ns	40 ns	50 ns	60 ns	70 ns	80 ns	90 ns	100 ns
num[3:0]	9	0	1	2	3	4	5	6	7	8	9	
seg[7:0]	f6	fc	60	da	f2	66	b6	be	e0	fe	f6	

图 5-7　八段 LED 数码管（以共阳极数码管为例）的仿真波形

从仿真波形可以看到，测试平台依次将 0～9 的数字赋值给 num，并观察输出的八段数码管控制信号（包括可能的小数点）seg，根据 seg 的输出数据组合，数码管上会依次显示数字 0～9。

任务 5.4　分频器的设计与验证

5.4.1　二进制分频器的设计与验证

1. 设计原理

二进制分频器是一种常见的数字电路，用于将输入时钟信号的频率降低为原来的 $1/2^n$。在 Verilog 中，可以通过一个简单的计数器来实现二进制分频器。

5.4.1
二进制分频器的设计与验证

2. 源程序代码

```verilog
module binary_frequency_divider(
    input clk,                        //输入时钟信号
    input reset,                      //复位信号
    output reg out_clk                //输出时钟信号（频率降低为原来的1/4）
);
    reg toggle = 0;                   //内部翻转触发器
    always @(posedge clk or posedge reset)
    begin
        if (reset)
        begin
            toggle <= 0;
            out_clk <= 0;
        end
        else
        begin
            toggle <= ~toggle;
            if (toggle)
            begin
                out_clk <= ~out_clk;
            end
        end
    end
endmodule
```

说明：在这个模块中，使用了一个内部翻转触发器 toggle，它在每个时钟周期翻转一次。当 toggle 为高时，切换输出时钟信号 out_clk 的状态。这样，输出时钟信号的频率就是输入时钟信号频率的 1/4。

3. 仿真验证代码

```verilog
module tb_binary_frequency_divider;
```

```
//声明信号
    reg clk;
    reg reset;
    wire out_clk;
//实例化二进制分频器模块
    binary_frequency_divider uut (.clk(clk),.reset(reset),
            .out_clk(out_clk));
//时钟生成
    initial clk = 0;
    always #5 clk = ~clk; //10ns 时钟周期，即 100MHz
//初始化过程
    initial begin
//打印输出波形
        $monitor("Time = %0t, clk = %b, reset = %b, out_clk = %b", $time, clk, reset, out_clk);
//初始化信号
        reset = 1;
//释放复位信号
        #10 reset = 0;
//等待足够长的时间以观察分频效果
        #1000 $stop;
        end
    endmodule
```

说明： 在测试中，生成了一个 10ns 周期（即 100MHz）的时钟信号，并将其连接到二进制分频器的输入端。还设置了一个复位信号，用于在仿真开始时重置分频器。然后，观察输出时钟信号 out_clk，以验证其频率是否是输入时钟信号频率的 1/4。

4．仿真波形

二分频器的仿真波形如图 5-8 所示。

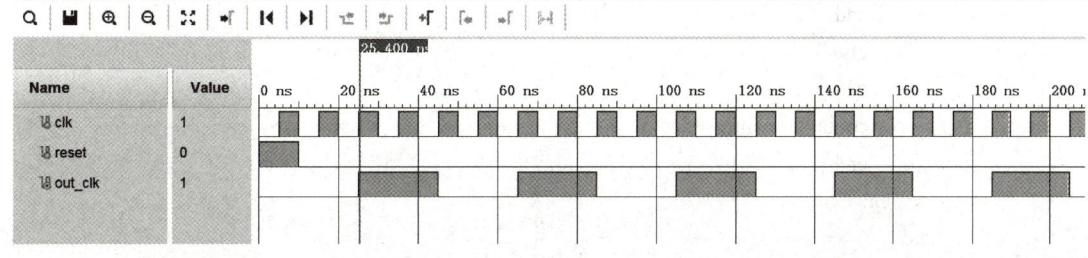

图 5-8　二分频器的仿真波形

通过仿真波形可以看到，输出时钟信号 out_clk 的频率是 clk 频率的 1/4，从而验证二进制分频器的正确性。如果使用的是具有波形查看功能的仿真工具，还可以直接观察 clk 和 out_clk 的波形，可以更直观地验证分频效果。

5.4.2 非二进制分频器的设计与验证

1. 设计原理

非二进制分频器是指分频比不是 2^n 的分频器。例如，如果想要将一个时钟信号的频率降低为原来的 1/3、1/5 或其他非二进制比例，就需要设计一个非二进制分频器。

以下是一个简单的非二进制分频器（例如，将时钟频率降低为原来的 1/6）的设计与验证的 Verilog 代码示例。

2. 源程序代码

```verilog
module non_binary_frequency_divider(
    input clk,                      //输入时钟信号
    input reset,                    //复位信号
    output reg out_clk              //输出时钟信号（频率降低为原来的1/3）
);
    reg [1:0] count;                //2 位计数器
    always @(posedge clk or posedge reset)
        begin
            if (reset)
                begin
                    count <= 0;
                    out_clk <= 0;
                end
            else
                begin
                    if (count == 2'd2)
                        begin
                            count <= 0;
                            out_clk <= ~out_clk;
                        end
                    else
                        begin
                            count <= count + 1;
                        end
                end
        end
endmodule
```

说明：在这个模块中，使用了一个 2 位计数器 count，它在每个时钟周期递增。当计数器达到 2（即二进制的"10"）时，重置计数器，并切换输出时钟信号 out_clk 的状态。这样，输出时钟信号的频率就是输入时钟信号频率的 1/6。

3. 仿真验证代码

```verilog
module tb_non_binary_frequency_divider;
//声明信号
    reg clk;
    reg reset;
    wire out_clk;
//实例化非二进制分频器模块
    non_binary_frequency_divider uut ( .clk(clk),.reset(reset),
            .out_clk(out_clk));
//时钟生成
    initial clk = 0;
    always #5 clk = ~clk; //10ns 时钟周期，即 100MHz
//初始化过程
    initial begin
//打印输出波形
    $monitor("Time = %0t, clk = %b, reset = %b, out_clk = %b", $time, clk, reset, out_clk);
//初始化信号
    reset = 1;
//释放复位信号
    #10 reset = 0;
//等待足够长的时间以观察分频效果
    #300 $stop;
    end
endmodule
```

> **说明**：在测试中，生成了一个 10ns 周期（即 100MHz）的时钟信号，并将其连接到非二进制分频器的输入端。还设置了一个复位信号，用于在仿真开始时重置分频器。然后，观察输出时钟信号 out_clk，以验证其频率是否是输入时钟信号频率的 1/6。

4. 仿真波形

非二进制分频器的仿真波形如图 5-9 所示。

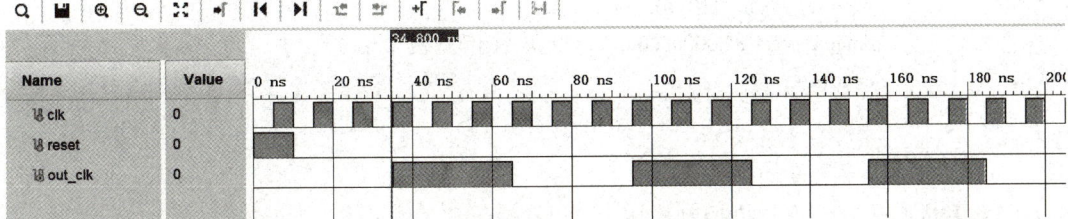

图 5-9 非二进制分频器的仿真波形

通过仿真波形可以看到，out_clk 的频率确实是 clk 频率的 1/6，从而验证非二进制分频器的正确性。如果使用的是具有波形查看功能的仿真工具，还可以直接观察 clk 和 out_clk 的波形，以更直观地验证分频效果。

【项目实施】 多位数码管动态扫描电路的设计与验证

1. 设计原理

在 Verilog 中实现多位数码管动态扫描功能，需要设计一个能够依次切换不同数码管的显示系统，并且控制每个数码管的段选信号以正确显示数字。这通常要借助一个计数器来实现，该计数器会依次选择每个数码管，并为其提供相应的段选信号。

项目 5
【项目实施】
多位数码管动态扫描电路的设计与验证

2. 源程序代码

（1）数码管显示模块（以共阴极数码管为例）

数码管显示模块根据输入的数字生成相应的段选信号。

```verilog
module segment_display(
    input [3:0] num,            //输入的 4 位二进制数，表示要显示的数字（0～9）
    output reg [7:0] seg        //输出的八段数码管控制信号
);
    always @(*)
    begin
        case (num)              //段选信号设置（a、b、c、d、e、f、g、h）
            4'd0: seg = 8'b11111100;  //0
            4'd1: seg = 8'b01100000;  //1
            4'd2: seg = 8'b11011010;  //2
            4'd3: seg = 8'b11110010;  //3
            4'd4: seg = 8'b01100110;  //4
            4'd5: seg = 8'b10110110;  //5
            4'd6: seg = 8'b10111110;  //6
            4'd7: seg = 8'b11100000;  //7
            4'd8: seg = 8'b11111110;  //8
            4'd9: seg = 8'b11110110;  //9
            default: seg = 8'b00000000;  //默认关闭所有段
        endcase
    end
endmodule
```

（2）多位数码管动态扫描控制模块

多位数码管动态扫描控制模块包含一个计数器，用来依次选择每个数码管，并使用数码管显示模块来生成段选信号。

```verilog
module multi_digit_scanner(
        input clk,                      //时钟信号
        input reset,                    //复位信号
        input [31:0] nums,              //输入的32位数据,表示要显示的8个数字(每个4位)
        output reg [7:0] seg,           //输出的8段数码管控制信号总线
        output reg [7:0] digit_select   //输出的8位数码管位选信号
);
    reg [2:0] current_digit;            //当前选中的数码管索引
    wire [7:0] seg_internal;            //内部段选信号
//实例化数码管显示模块
    segment_display seg_disp(
        .num(nums[current_digit*4 +: 4]),   //根据当前数码管索引选择相应的数字
            .seg(seg_internal)          //输出段选信号
    );
    always @(posedge clk or posedge reset)
        begin
            if (reset)
            begin
            current_digit <= 0;
            seg <= 8'b00000000;
            digit_select <= 8'b11111111;    //默认关闭所有数码管
            end
            else
            begin
//更新段选信号和位选信号
            seg <= seg_internal;
            digit_select <= 8'b11111111<<(8-current_digit)|8'b01111111>> current_digit;
//选中当前数码管
//更新当前选中的数码管索引
            current_digit <= (current_digit == 7) ? 0:current_digit + 1;
            end
        end
endmodule
```

3. 仿真验证代码

```verilog
module tb_multi_digit_scanner;
        //声明信号
        reg clk;
        reg reset;
        reg [31:0] nums;
```

```verilog
                    wire [7:0] seg;
                    wire [7:0] digit_select;
    //实例化多位数码管动态扫描控制模块
                    multi_digit_scanner uut (.clk(clk),.reset(reset),
                                  .nums(nums),.seg(seg),.digit_select(digit_select));
    //时钟生成
                    initial clk = 0;
                    always #5 clk = ~clk;      //10ns 时钟周期
    //初始化过程
                    initial begin
    //打印输出波形
                    $monitor("Time = %0t,nums = %h,seg = %b,digit_select= %b",$time, nums, seg, digit_select);
    //初始化信号
                    reset = 1;
                    nums = 32'h12345678;       //示例数据
    //释放复位信号
                    #10 reset = 0;
    //等待足够长的时间以观察所有数码管的扫描
                    #100 $stop;
                    end
                endmodule
```

4. 仿真波形

多位数码管动态扫描电路的仿真波形如图 5-10 所示。

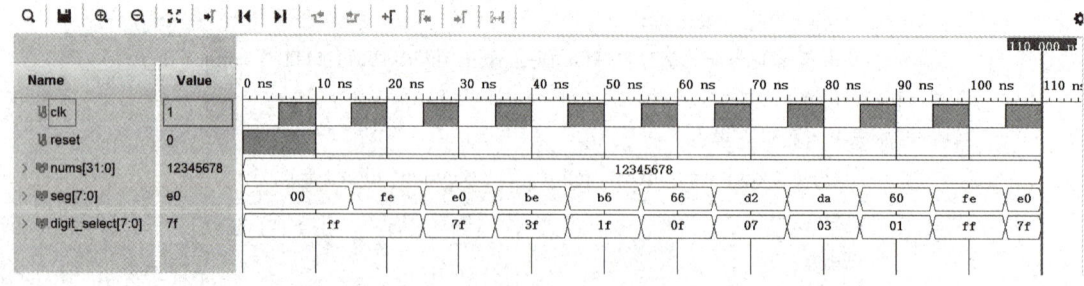

图 5-10　多位数码管动态扫描电路的仿真波形

通过仿真波形可以看到，八段数码管位选信号 digit_select 依次选中每个数码管，并且八段数码管控制信号 seg 显示相应的段选信号，输入的 32 位数据 nums 表示要显示的 8 个数字。当 reset 高电平有效时，数码管被复位；当 reset 低电平无效时，被 8 位数码管位选信号 digit_select 选中的数码管显示数字，依次选中，依次显示 8、7、6、5、4、3、2、1。

【项目评价】

项目名称：　　　　　　　　　　　　项目承接人姓名：　　　　　　　日期：
多位数码管动态扫描电路的设计与验证

项目要求	得分标准	得分情况
项目分析（10分） 项目分析合理，项目准备单填写准确	项目准备单填写合理性评价（每合理1条得1分，满分10分）	
关键要求一（15分） 能熟练掌握二进制和非二进制数据选择器的工作原理，并根据其工作原理设计其源程序和测试程序	1. 熟练掌握二进制和非二进制数据选择器的工作原理（5分） 2. 二进制数据选择器的源程序和测试程序设计正确（5分） 3. 非二进制数据选择器的源程序和测试程序设计正确（5分）	
关键要求二（15分） 能理解译码器和编码器的工作原理，并根据其工作原理设计其源程序和测试程序	1. 理解译码器和编码器的工作原理（5分） 2. 译码器的源程序和测试程序设计正确（5分） 3. 编码器的源程序和测试程序设计正确（5分）	
关键要求三（10分） 能理解数码管静态显示和动态显示的工作原理，并设计一位数码管静态显示和动态显示的源程序和测试程序	1. 理解数码管静态显示和动态显示的工作原理（5分） 2. 一位数码管静态显示和动态显示的源程序和测试程序设计合理，仿真验证波形正确（5分）	
关键要求四（15分） 能理解多位数码管动态扫描的工作原理，并设计其源程序和测试程序	1. 理解多位数码管动态扫描的工作原理（7分） 2. 多位数码管动态扫描电路的源程序和测试程序设计合理，仿真验证波形正确（8分）	
关键要求五（10分） 能理解二进制分频器和非二进制分频器的工作原理，并设计其源程序和测试程序	1. 理解二进制分频器和非二进制分频器的工作原理（5分） 2. 二进制分频器和非二进制分频器的源程序及测试程序设计合理，仿真验证波形正确（5分）	
项目汇报（10分） 汇报内容清晰、重点突出、时间把握合理、衣着整洁、仪态自然大方	1. 汇报内容不清晰（每处扣1分） 2. 重点不突出（根据情况酌情扣分，最多扣3分） 3. 衣着不整洁（根据情况酌情扣分，最多扣3分） 4. 仪态不自然大方（根据情况酌情扣分，最多扣3分）	
职业道德和职业核心能力（10分） 了解国家行业发展，能有效分析信息，并对专业文化有认同感	1. 没有体现国家行业发展（扣3分） 2. 信息搜集不完善，缺乏有效分析（扣1～5分）	
创新创意（5分）	项目完成过程中，能结合国家对行业发展新要求，应用新技术、新方法、新理论等，创新解决问题（每点附加1分，最高附加5分）	

习题

一、选择题

1. 七段译码器 seg_reg=7'h6f，最高位为 g 段，表示显示数字（　　）。
   A. 5　　　　　　B. 3　　　　　　C. 9　　　　　　D. 7
2. 以下（　　）是2选1的数据选择器。
   A. if (sel==1)out=1; else out=0;
   B. if (sel==1)out=a; else out=b;

C. if (sel=1)out=a; else out=!a;

D. U

3. 以下关于数码管的说法（　　）不正确。

　　A. 共阳极数码管指七个发光段的阳极连在一起形成公共端接电源 VCC

　　B. 共阴极数码管指七个发光段的阴极连接在一起组成公共端接地

　　C. 数码管分共阳极和共阴极两类

　　D. 数码管有八个 LED 发光段

二、简答题

1. 用 Verilog 编写八选一数据选择器的程序并仿真验证。
2. 用 Verilog 编写 2-4 译码器的程序并仿真验证。

项目 6　矩阵式键盘接口电路的设计与验证

矩阵式键盘接口电路的设计与验证通过递进式任务设计，系统性地培养学生对交通灯、矩阵键盘扫描等核心数字接口模块的开发能力。基于 Vivado 平台，从基础奇偶校验模块入手，逐步扩展序列检测、信号消抖功能，最终集成键盘扫描、键值显示等模块，完成可扩展的矩阵键盘接口系统。项目涵盖状态机设计、时序约束、硬件交互调试全流程，强化接口协议设计与系统可靠性思维。

知识目标	技能目标	素养目标
◇ 了解有限状态机的标准模型 ◇ 了解状态机的分类 ◇ 掌握按键消抖电路原理	◇ 能编写序列检测器源程序和测试程序 ◇ 能编写交通灯源程序和测试程序 ◇ 能编写按键消抖电路源程序和测试程序 ◇ 能编写矩阵式键盘接口电路源程序	◇ 具备实时性管理、多任务协调能力 ◇ 具备资源优化意识、结构化思维

【思维导图】

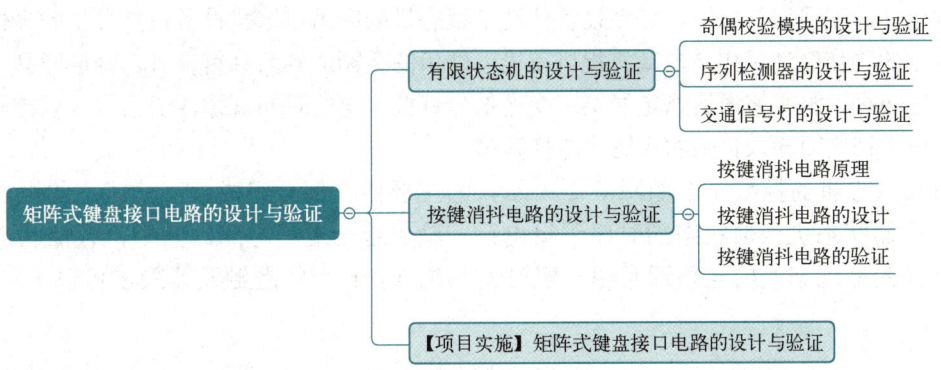

任务 6.1　有限状态机的设计与验证

有限状态机（Finite State Machine，FSM）是为研究有限内存的计算过程而抽象出来的一种计算模型，是一类较复杂的时序逻辑电路，是许多数字电路的核心部件。有限状态机拥有有限数量的状态，每个状态可以迁移到多个状态，输入信号决定执行哪个状态的迁移。如图 6-1 所示为状态迁移图，图中 A~G 为输入条件，有限状态机可以表示为一个有向图。

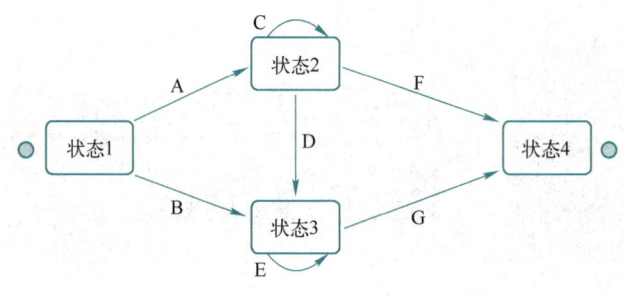

图 6-1　状态迁移图

6.1.1　奇偶校验模块的设计与验证

1. 设计原理

6.1.1
奇偶校验模块
的设计与验证

奇偶校验模块就是判断整串数据里"1"的个数是奇数（奇校验）还是偶数（偶校验）。接收方拿到数据后，只要数一下"1"的个数是否符合约定的奇偶规则，就能判断数据在传输过程中是否出错。奇偶校验过程本质上是基于输入数据流的状态转换逻辑，可通过状态机高效实现。

状态机在任一特定时刻只能处于一种状态，该状态称为当前状态。当触发事件或条件启动时，它可以从一种状态改变为另一种状态。特定有限状态机由其状态列表和状态转换的触发条件定义。在现代社会中，许多设备体现了状态机的应用，这些设备根据发生的事件序列执行预定的动作序列。如，自动售货机在投入硬币的金额达到商品售价时，释放商品；电梯根据乘客指令，将乘客送达指定楼层；交通信号灯按一定的时间规律改变信号，以控制交通流量；电子锁则要输入正确的密码才能打开等。

有限状态机的标准模型如图 6-2 所示，它主要由三部分组成：下一状态的组合逻辑电路、存储状态机当前状态的时序逻辑电路、输出组合逻辑电路。其中，存储状态机当前状态（简称现态）的电路通常由一组触发器构成，n 个状态触发器最多可以记忆 2^n 个状态。

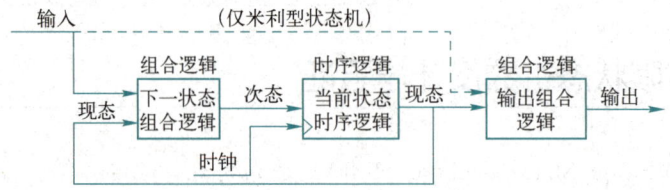

图 6-2　有限状态机的标准模型

根据电路的输出信号是否与输入有关，可以将状态机分为两种类型：一类是米利型（Mealy）状态机，其电路的输出信号不仅与电路当前的状态有关，还与电路的输入有关（如图中虚线所示）；另一类是穆尔型（Moore）状态机，其电路的输出仅仅取决于电路当前的状态，而不受输入信号影响。

在软件开发中,状态机用于描述对象在生命周期内经历的状态序列,以及如何响应来自外界的各种事件。状态机有以下几个基本组成部分。

1)状态:表示一个模型在生存期内的状况。
2)转换:表示两个不同状态之间的联系。
3)事件:在某个时间产生的触发条件。
4)活动:在状态机中进行的一系列动作。
5)动作:在状态转换时执行的操作。

系统根据输入比特动态调整内部状态并产生相应输出。当接收到"0"时,模块保持当前状态不变;当接收到"1"时,模块会在两个状态(S0 和 S1)之间进行切换。输出值由状态转换过程决定:无论是稳定停留在 S0 状态,还是从 S1 转换到 S0,都会输出"0";反之,无论是稳定停留在 S1 状态,还是从 S0 转换到 S1,都会输出"1"。这种设计使得输出始终反映当前状态或最近状态转换的奇偶特性。奇偶校验模块状态转换及输出如表 6-1 所示,奇偶校验模块的状态转移图如图 6-3 所示。

表 6-1 奇偶校验模块状态转换及输出

输入条件信号	现态/输出	次态/输出
0	S0/0	S0/0
1	S0/0	S1/1
0	S1/1	S1/1
1	S1/1	S0/0

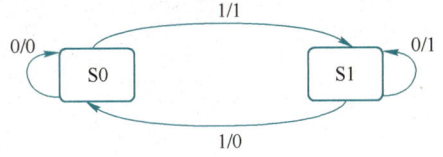

图 6-3 奇偶校验模块的状态转移图

2. 源程序代码

```
module jioujy
(
    input clk,              //clk 为时钟信号
    input reset,            //reset 为复位信号
    input x,                //x 为条件信号
    output reg parity       //parity 为奇偶校验信号
);
reg state,nextstate;
parameter S0=0,S1=1;
/*初始化*/
```

```
initial
begin
    nextstate = S0;
    parity = 1'b0;
end
always @(posedge clk or posedge reset) //always 块修改状态
if (reset)
    state <= S0;           //如果reset复位信号为高电平,状态state为S0
else
    state <= nextstate;    //如果时钟上升沿到来,状态state变为下一个状态nextstate
always@(*)                 // always 块计算次态
begin
    case(state)
/***如果当前状态为S0,接收到x输入信号"1",则下一个状态nextstate变为S1；否则,下一
个状态nextstate仍为S0,parity奇偶校验输出信号为"0"***/
        S0:begin if(x)    nextstate=S1; //
                 else     nextstate=S0;parity=0;   end
/***如果当前状态为S1,接收到x输入信号"0",则下一个状态nextstate仍为S1；否则,下一
个状态nextstate变为S0,parity奇偶校验输出信号为"1"***/
        S1:begin if(!x)   nextstate=S1;
                 else     nextstate=S0;parity=1;end
    endcase
end
endmodule
```

3. 仿真验证代码

```
module tb_jioujy1(    );
    reg clk;           //clk为时钟信号,寄存器类型
    reg reset;         //reset为复位信号,寄存器类型
    reg x;             //x为条件信号输入,寄存器类型
    wire parity;       //parity为奇偶校验输出信号,线网类型
/*元件例化*/
    jioujy1 u0(.clk(clk),.reset(reset),.x(x),.parity(parity));
/*产生激励信号clk时钟,reset复位和输入信号x*/
initial
begin
    clk=0;reset=1'b1;x=0;#5;
    reset=1'b1;x=0;#15;
    reset=1'b0;x=1;#30;
    reset=1'b0;x=0;#30;
```

```
reset=1'b0;x=1;#40;
reset=1'b0;x=0;#200;
end
always #5 clk=~clk;
endmodule
```

4．仿真波形

奇偶校验模块仿真波形如图 6-4 所示。从仿真波形可以看到，时钟周期为 10ns；复位信号维持高电平 20ns，接着一直为低电平；激励条件维持低电平 20ns，接着依次维持高电平 30ns，维持低电平 30ns，维持高电平 40ns，最终一直为低电平；时钟信号出现上升沿，统计 x 为高电平的个数为奇数，则奇偶校验信号输出高电平，否则输出低电平。验证波形符合奇偶校验模块设计要求。

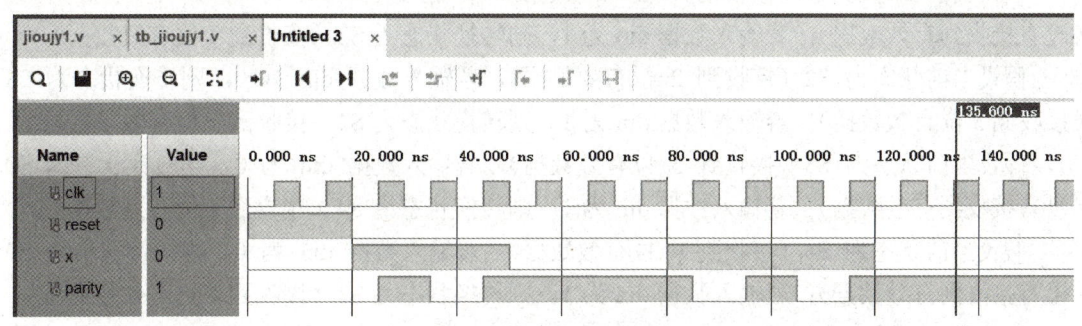

图 6-4　奇偶校验模块仿真波形

6.1.2　序列检测器的设计与验证

序列检测器是指从一串数据流中找到需要检测的序列号。序列检测器广泛应用在通信系统、协议分析与验证、数字信号处理、FPGA 测试和仿真、错误检测与修复等数字系统中，用于检测和验证输入序列中的特定模式、事件或错误，如帧同步、误码、噪声、干扰检测，以保证系统的可靠性和正确性。

1．设计原理

如图 6-5 所示的一串数据流，需要检测的数据序列为 1101，检测到该数据序列则输出高电平'1'。

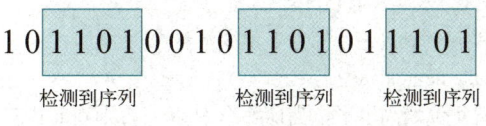

图 6-5　数据流

以检测数据序列 1101 为例，序列检测器状态转换如表 6-2 所示。

表 6-2　序列检测器状态转换

当前状态（S）	输入数据（din）	
	0	1
S0	S0	S1
S1	S0	S2
S2	S3	S2
S3	S0	S4
S4	S0	S1

假设当前状态为 S0，若输入数据 din 为 0，则维持原态 S0；若输入数据 din 为 1，则转换状态为 S1（接收到 1 位有效数据）。

假设当前状态为 S1（接收到 1 位有效数据），若输入数据 din 为 0，则转换状态为 S0（没有接收到有效数据）；若输入数据 din 为 1，则转换状态为 S2（接收到 2 位有效数据）。

假设当前状态为 S2（接收到 2 位有效数据），若输入数据 din 为 0，则转换状态为 S3（接收到 3 位有效数据）；若输入数据 din 为 1，则转换状态为 S2（接收到 2 位有效数据）。

假设当前状态为 S3（接收到 3 位有效数据），若输入数据 din 为 0，则转换状态为 S0（没有接收到有效数据）；若输入数据 din 为 1，则转换状态为 S4（接收到 4 位有效数据）。

假设当前状态为 S4（接收到 4 位有效数据），若输入数据 din 为 0，则转换状态为 S0（没有接收到有效数据）；若输入数据 din 为 1，则转换状态为 S1（接收到 1 位有效数据）。

2．源程序代码

```verilog
module fsm
(
    input clk,              //时钟信号
    input reset,            //复位信号
    input din,              //输入数据
    output reg dout         //输出
);
/*定义 5 个常量 s0～s4*/
parameter s0=3'b000;
parameter s1=3'b001;
parameter s2=3'b010;
parameter s3=3'b011;
parameter s4=3'b100;
/*定义当前状态和下一个状态，都为 3 位变量*/
reg [2:0]current_state,next_state;
/*确定当前状态：若复位为高电平，当前状态为 S0；否则当前状态转为下一个状态*/
always@(posedge clk or posedge reset)
begin
    if(reset)
```

```verilog
        current_state<=s0;
    else
        current_state<=next_state;
    end
/*确定下一个状态，依据表 6-2 序列检测器状态转换，用 case 语句编程*/
    always@(*)
    begin
    case(current_state)
    s0: if(din==1'b1)
            next_state=s1;
        else
            next_state=s0;
    s1: if(din==1'b1)
            next_state=s2;
        else
            next_state=s0;
    s2: if(din==1'b0)
            next_state=s3;
        else
            next_state=s2;
    s3: if(din==1'b1)
            next_state=s4;
        else
            next_state=s0;
    s4: if(din==1'b1)
            next_state=s1;
        else
            next_state=s0;
    default:next_state=s0;
    endcase
    end
/*若当前状态为 s4，dout 输出"1"，否则输出"0"*/
    always@(*)
    begin
    if(current_state==s4)
        dout=1;
    else
        dout=0;
    end
endmodule
```

3. 仿真验证代码

```verilog
module test_fsm( );
    reg clk,reset;
    reg din;
    wire dout;
    reg [20:0]din_mid;       //din_mid 为中间变量，21 位
    integer i;
/*调用 fsm 有限状态机实例化程序*/
    fsm u1(.clk(clk),.reset(reset),.din(din),.dout(dout));
/*产生激励信号 clk 时钟，周期为 10ns*/
    always
    begin
    clk=1'b0;#5;
    clk=1'b1;#5;
    end
/*产生复位信号和 din 输入数据*/
    initial
    begin
    reset=1'b1;
    din=1'b0;
    #30;
    din_mid=21'b1_1011_1010_1101_0010_1101;
    #20;
    reset=1'b0;
    din=1'b0;
    for(i=0;i<21;i=i+1)
    begin
    din=din_mid[i];
    #10;
    end
    end
endmodule
```

4. 仿真波形

序列检测器仿真波形如图 6-6 所示。

从仿真波形可以看到，时钟周期为 10ns；复位信号维持高电平 50ns，之后一直维持低电平；输入信号维持低电平 50ns，接下来依次为一串高低电平 1_1011_1010_1101_0010_1101，这些电平都维持 10ns；检测 1101 序列，共检测到 3 次，输出 3 次高电平；仿真波形符合序列检测器设计要求。

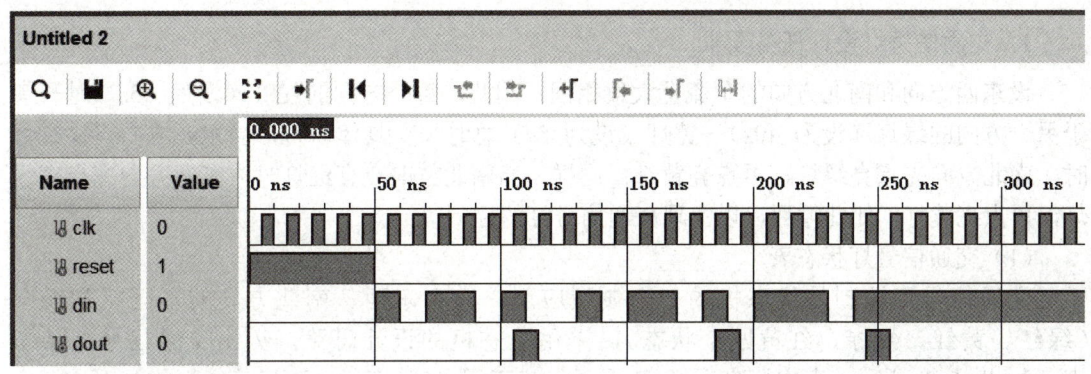

图 6-6 序列检测器仿真波形

6.1.3 交通信号灯的设计与验证

在十字路口,四个方向都有红、绿、黄三色交通信号灯,如图 6-7 所示,它们是不出声的"交通警察"。红绿灯是国际统一的交通信号灯,红灯是停止信号,绿灯是通行信号,黄灯亮(或闪烁)时,警告车辆注意安全。在交叉路口,来自不同方向的车辆都汇集于此,有的车辆要直行,有的要拐弯,究竟谁应先行,都要遵循红绿灯的指示。红灯亮起,禁止直行或左转,在不妨碍行人和车辆的情况下,允许车辆右转;绿灯亮起,准许车辆直行或转弯;黄灯亮起,车辆应停在路口停止线或人行横道线以内,已越过停止线的车辆可以继续通行。

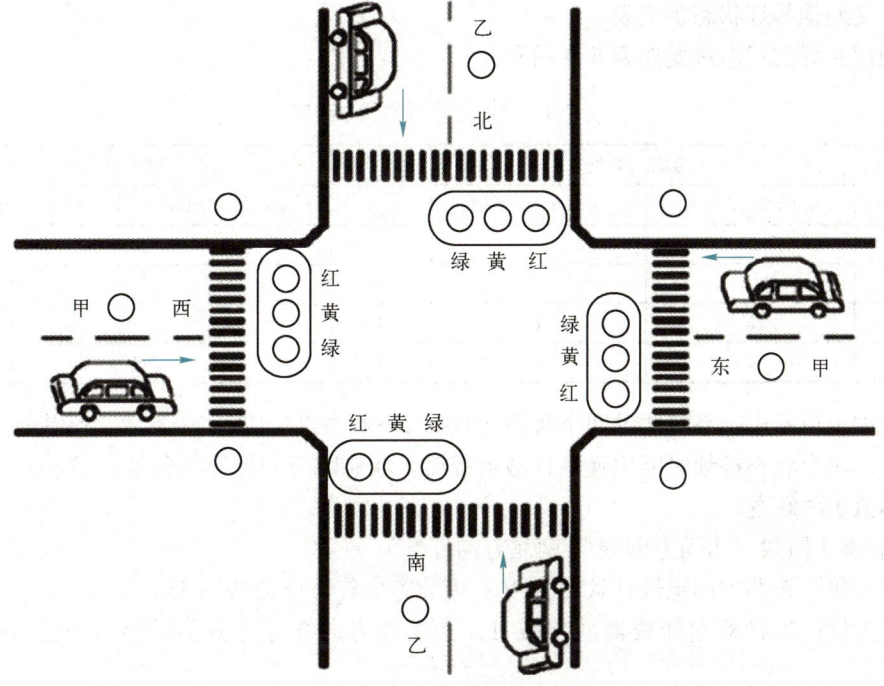

图 6-7 十字路口的交通信号灯

1. 交通信号灯设计任务要求

设东西方向和南北方向的车流量大致相同，因此，每个方向的红灯（设为 45s）时长等于另一方向的绿灯（设为 40s）+黄灯（设为 5s）总时长，具体而言，当东西方向点亮红灯时，南北方向先点亮绿灯，再点亮黄灯；同样，当南北方向点亮红灯时，东西方向先点亮绿灯，再点亮黄灯，如此循环，以实现交通信号灯的控制。

（1）交通信号灯状态表

交通信号灯控制是状态机的一个典型应用，它有东西、南北方向的不同状态组合（绿红、黄红、红绿、红黄四个状态），采用状态机的设计思路，列出交通信号灯状态表，如表 6-3 所示。表中灯亮用"1"表示，灯灭用"0"表示。可以简单地将其看成两个（东西、南北）减 1 计数的计数器，通过检测两个方向的计数值，可以检测绿、黄、红灯组合的跳变。这样使一个复杂的状态机设计变成一个简单的计数器设计。

表 6-3 交通信号灯的四种亮灯状态

状态序号	东西方向			南北方向		
	红	绿	黄	红	绿	黄
1	0	1	0	1	0	0
2	0	0	1	1	0	0
3	1	0	0	0	1	0
4	1	0	0	0	0	1

（2）交通信号灯状态跳变表

交通信号灯的状态跳变如表 6-4 所示。

表 6-4 交通信号灯的状态跳变

交通信号灯现状态序号	计数器计数值		交通信号灯次状态	计数器计数值	
	东西方向计数值	南北方向计数值		东西方向计数值	南北方向计数值
1	1	6	2	5	5
2	1	1	3	45	40
3	6	1	4	5	5
4	1	1	1	40	45

从表中可以看出：系统通过四个状态（状态 1→状态 2→状态 3→状态 4→状态 1）构成闭环循环，每个状态持续时间由递减计数器控制。状态跳变的触发条件是：当前方向计数器减至临界值 1 时触发。

1）状态 1 阶段（东西方向绿灯/南北方向红灯）。

初始参数：东西方向绿灯计数器为 40；南北方向红灯计数器为 45。

运行过程：每秒双向计数器同步减 1，当东西方向绿灯计数器减至 1 时，进入临界状态。

跳变条件：东西方向绿灯计数器为 1、南北方向红灯计数器为 6 时，触发。

2）状态 2 阶段（东西方向黄灯/南北方向红灯）。

新参数：东西方向黄灯计数器为 5；南北方向红灯计数器为 5。

运行特征：双向继续同步减 1 计数，当黄灯计数器减至 1 时，触发跳变。

跳变条件：东西方向黄灯计数器为 1、南北方向红灯计数器为 1 时，触发。

3) 状态 3→状态 4→状态 1 转换阶段。

- 状态 3（东西方向红灯/南北方向绿灯）。

初始值：东西方向红灯计数器为 45，南北方向绿灯计数器为 40。

跳变条件：当南北方向绿灯减至 1、东西方向红灯减至 6 时，触发。

- 状态 4（东西方向红灯/南北方向黄灯）。

新参数：南北方向黄灯计数器为 5，东西方向红灯计数器递减。

跳变条件：当南北方向黄灯和东西方向红灯均减至 1 时，触发。

- 回归状态 1。

参数重置：东西方向绿灯计数器为 40，南北方向红灯计数器为 45，完成完整循环周期。

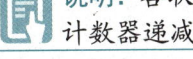 说明：各状态转换均以 1s 为时间单位，每个状态的持续时间由预设初始值决定，通过计数器递减实现精确的时序控制，最终形成完整的交通信号灯周期循环。

2．源程序代码

```
`timescale 1ns / 1ps
module jtd1
(
input clk,           //clk 为时钟输入信号
output reg ewr,      //ewr 为东西方向红灯，寄存器类型输出信号
output reg ewy,      //ewy 为东西方向黄灯，寄存器类型输出信号
output reg ewg,      //ewg 为东西方向绿灯，寄存器类型输出信号
output reg snr,      //snr 为南北方向红灯，寄存器类型输出信号
output reg sny,      //sny 为南北方向黄灯，寄存器类型输出信号
output reg sng,      //sng 为南北方向绿灯，寄存器类型输出信号
output  [3:0]ewth,   //ewth 为东西方向时间，高 4 位输出信号
output  [3:0]ewtl,   //ewtl 为东西方向时间，低 4 位输出信号
output  [3:0]snth,   //snth 为南北方向时间，高 4 位输出信号
output  [3:0]sntl    //sntl 为南北方向时间，低 4 位输出信号
);
/*定义一些中间变量*/
reg aew;
reg [3:0]thew;
reg [3:0]tlew;
reg [2:0]stateew;
reg asn;
reg [3:0]thsn;
reg [3:0]tlsn;
```

```verilog
            reg [2:0]statesn;
/*定义 6 个状态常量*/
            parameter s0=3'b100;
            parameter s1=3'b010;
            parameter s2=3'b001;
            parameter ss0=3'b100;
            parameter ss1=3'b010;
            parameter ss2=3'b001;
/*初始化中间变量值*/
            initial
            begin
            stateew=s0;
            statesn=ss2;
            aew=0;
            asn=0;
            thew=4'b0011;           //初始化成数字 3
            tlew=4'b1001;           //初始化成数字 9
            thsn=4'b0100;           //初始化成数字 4
            tlsn=4'b0100;           //初始化成数字 4
            ewr=0;
            ewy=0;
            ewg=0;
            snr=0;
            sny=0;
            sng=0;
            end
/*东西方向 s0、s1、s2 三种状态下，东西方向红、绿、黄亮灯状态和亮灯时长*/
            always@(posedge clk)
            case(stateew)
            s0:if(!aew) begin
                        thew=4'b0011;          //东西方向高 4 位为 3
                        tlew=4'b1001;          //东西方向低 4 位为 9
                        aew=1'b1;
                        ewg=1'b1;              //东西方向绿灯亮
                        ewr=1'b0;              //东西方向红灯灭
                        end
                  else if(!(((thew==4'b0000)&(tlew==4'b0001)))
/*东西方向时间低四位为十进制数 0，则向高四位借位，低四位为十进制数 9，高四位减 1*/
                        if(tlew==4'b0000)
                              begin
                              tlew=4'b1001;
                              thew=thew-1;
```

```
                    end
                else
                    tlew=tlew-1;
```
/*若东西方向时间低四位和高四位拼接后，计数值为 1，则下一个时钟脉冲到来后时间低四位和高四位都变为0*/
```
                else
                    begin
            thew=4'b0000;
                tlew=4'b0000;
                    aew=1'b0;
            stateew=s1;
            end
    s1:if(!aew)
            begin
                thew=4'b0000;
                tlew=4'b0100;
                aew=1'b1;
                ewy=1'b1;
                ewg=1'b0;
            end
        else if(!(((thew==4'b0000)&(tlew==4'b0001))))
                    if (tlew==4'b0000 )
                        begin
                            tlew=4'b1001;
                            thew=thew-1;
                        end
                    else
                        tlew=tlew-1;
        else
                begin
                    thew=4'b0000;
                    tlew=4'b0000;
                    aew=0;
                    stateew=s2;
                end
    s2:if(!aew)
            begin
                thew=4'b0100;
                tlew=4'b0100;
                aew=1;
                ewr=1;
                ewy=0;
```

```
                    end
            else if(!((thew==4'b0000)&(tlew==4'b0001)))
                    if(tlew==4'b0000)
                        begin
                            tlew=4'b1001;
                            thew=thew-1;
                        end
                    else
                        tlew=tlew-1;
            else
                begin
                    thew=4'b0000;
                    tlew=4'b0000;
                    aew=0;
                    stateew=s0;
                end
    endcase
    assign ewth=thew;
    assign ewtl=tlew;
/*南北方向 ss0、ss1、ss2 三种状态下，南北方向红、绿、黄亮灯状态和亮灯时长*/
    always@(posedge clk)
    case(statesn)
    ss2:if(!asn) begin
            thsn=4'b0100;
            tlsn=4'b0100;
            asn=1'b1;
            snr=1'b1;
            sny=1'b0;
        end
        else if(!((thsn==4'b0000)&(tlsn==4'b0001)))
                if(tlsn==4'b0000)
                    begin
                        tlsn=4'b1001;
                        thsn=thsn-1;
                    end
                else
                    tlsn=tlsn-1;
        else
            begin
                thsn=4'b0000;
                tlsn=4'b0000;
                asn=1'b0;
```

```
                    statesn=ss0;
                end
        ss0:if(!asn)
                begin
                    thsn=4'b0011;
                    tlsn=4'b1001;
                    asn=1'b1;
                    sng=1'b1;
                    snr=1'b0;
                end
            else if(!((thsn==4'b0000)&(tlsn==4'b0001)))
                if (tlsn==4'b0000 )
                    begin
                        tlsn=4'b1001;
                        thsn=thsn-1;
                    end
                else
                        tlsn=tlsn-1;
            else
                    begin
                        thsn=4'b0000;
                        tlsn=4'b0000;
                        asn=0;
                        statesn=ss1;
                    end
ss1:if(!asn)
        begin
            thsn=4'b0000;
            tlsn=4'b0100;
            asn=1;
            sny=1;
            sng=0;
        end
else if(!((thsn==4'b0000)&(tlsn==4'b0001)))
    if(tlsn==4'b0000)
            begin
                tlsn=4'b1001;
                thsn=thsn-1;
            end
        else
            tlsn=tlsn-1;
else
```

```
                    begin
                        thsn=4'b0000;
                        tlsn=4'b0000;
                        asn=0;
                        statesn=ss2;
                    end
            endcase
        assign snth=thsn;
        assign sntl=tlsn;
        endmodule
```

3. 仿真程序代码

```
            `timescale 1ns / 1ps
                module test_jtd1 (        );
                    reg clk;//clk 为时钟信号，寄存器类型
                    wire    ewr;//ewr 为东西方向红灯，线网类型
                    wire    ewy;//ewy 为东西方向黄灯，线网类型
                    wire    ewg;//ewg 为东西方向绿灯，线网类型
                    wire    snr;//snr 为南北方向红灯，线网类型
                    wire    sny;//sny 为南北方向黄灯，线网类型
                    wire    sng;//sng 为南北方向绿灯，线网类型
                    wire    [3:0]ewth;//ewth 为东西方向时间的高四位，线网类型
                    wire    [3:0]ewtl;//ewtl 为东西方向时间的低四位，线网类型
                    wire    [3:0]snth;//snth 为南北方向时间的高四位，线网类型
                    wire    [3:0]sntl;//sntl 为南北方向时间的低四位，线网类型
/***********实例引用 jtd1 交通灯程序***********/
                jtd1 u0(.clk(clk),.ewr(ewr),.ewg(ewg),.ewy(ewy),.snr(snr),.sng(sng),
                .sny(sny),.ewth(ewth),.ewtl(ewtl),.snth(snth),.sntl(sntl));
/***********产生激励信号 clk 时钟，周期为 20ns***********/
                    always
                    begin
                    clk=0;
                        #10;
                    clk=1;
                        #10;
                    end
                endmodule
```

4. 交通信号灯的仿真波形

交通信号灯的仿真波形如图 6-8 和图 6-9 所示。

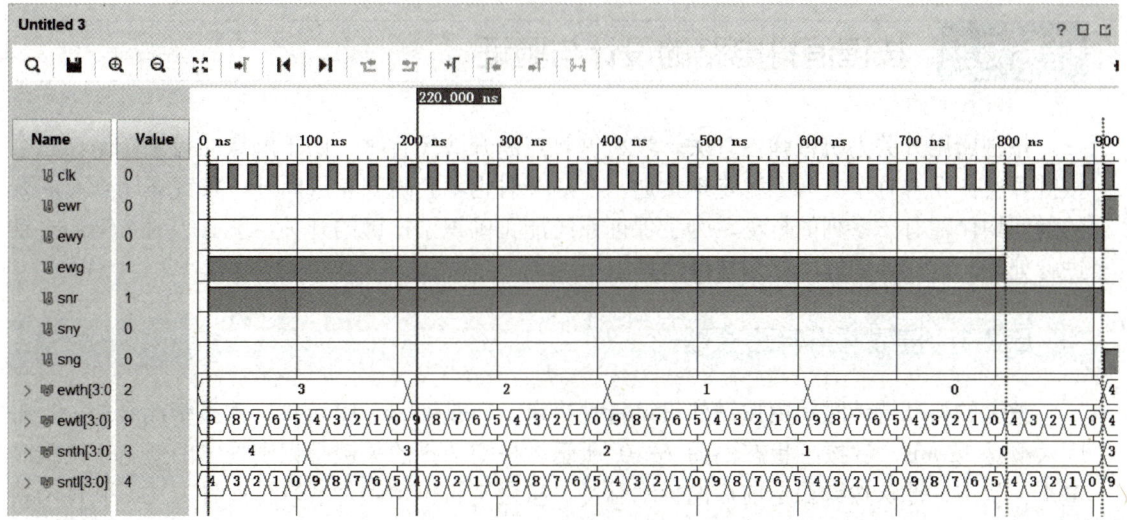

图 6-8 南北方向红灯信号 snr 为高电平

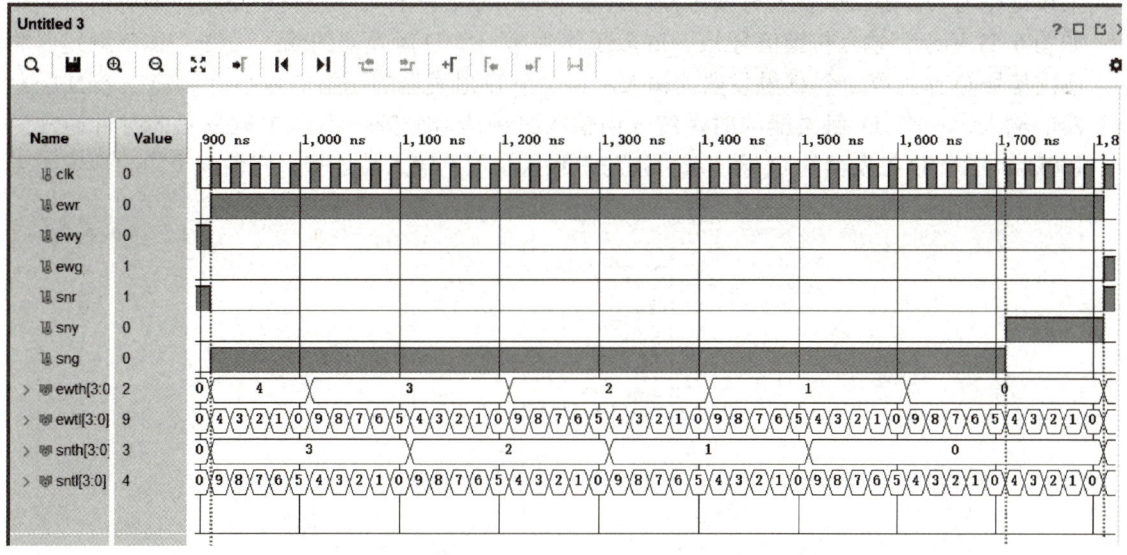

图 6-9 东西方向红灯信号 ewr 为高电平

图 6-8 显示东西方向绿灯信号 ewg 为高电平，且维持 40 个时间单位；接着东西方向黄灯信号 ewy 为高电平，且维持 5 个时间单位；同时南北方向红灯信号 snr 为高电平，且维持 45 个时间单位。

图 6-9 显示南北方向绿灯信号 sng 为高电平，且维持 40 个时间单位；接着南北方向黄灯信号 sny 为高电平，且维持 5 个时间单位；同时东西方向红灯信号 ewr 为高电平，且维持 45 个时间单位。如此循环往复。

任务 6.2 按键消抖电路的设计与验证

按键所用开关为机械弹性开关,当机械触点断开或闭合时,由于触点的弹性作用,一个按键开关在闭合时不会马上稳定地接通,在断开时也不会瞬间完成断开,按键在闭合及断开的瞬间均伴随有一系列的抖动,为了保证系统能正确识别按键的开关,就必须对按键的抖动进行处理,这一处理过程称为按键消抖。

6.2.1 按键消抖电路原理

按键的抖动持续时间由按键的机械特性决定,一般为 5~10ms。一次按键闭合的最短时间大概是 120ms,键按下状态如图 6-10 所示。按键消抖的关键是识别稳定的低电平(或高电平)状态,滤除按键稳定前后的抖动脉冲。按键消抖可用硬件或软件两种方法。硬件消抖的典型做法是:采用R-S 触发器或 RC 积分电路。软件消抖的方法是:假设未按键时输入1,按键后输入为 0,抖动时不定。检测到按键输入为 0 之后,延时 5~10ms,再次检测,如果按键还为 0,那么就认为有按键输入。基于Verilog语言的时序逻辑电路设计按键消抖电路如图 6-11 所示,输入按键信号 key_in 取反作为第一个 D 触发器的输入,第一个 D 触发器的输出信号 Q 作为第二个 D 触发器的输入,第二个 D 触发器的输出信号 Q 作为第三个 D 触发器的输入,三个 D 触发器的时钟统一由输入时钟信号分频得到,D 触发器的时钟通常为100Hz,三个 D 触发器的 Q 输出端分别与三输入与门的输入端连接,三输入与门的输出作为按键消抖后的信号。

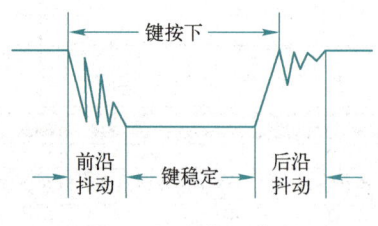

图 6-10 键按下状态

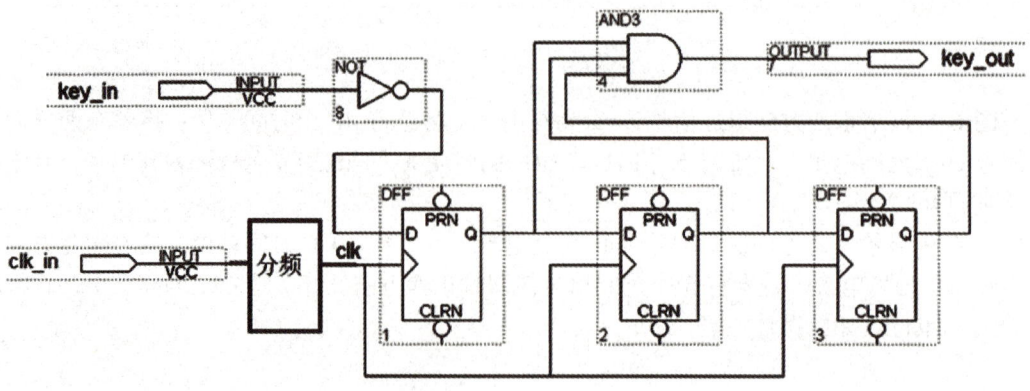

图 6-11 按键消抖电路

6.2.2 按键消抖电路的设计

源程序代码

```verilog
`timescale 1ns / 1ps
module xiaodou(
input clk_in,              //clk_in 为时钟输入信号
input key_in,              //key_in 为按键输入信号
output key_out             //key_out 为按键输出信号
);
//定义若干中间变量，并初始化
    reg clk100,q1,q2,q3;
    initial
    begin
    clk100=1'b0;
    q1=1'b0;
    q2=1'b0;
    q3=1'b0;
    end
//输入时钟二分频
always@(posedge clk_in)
clk100<=!clk100;

//根据图 6-11 编程实现消抖
    always@(posedge clk100)
    begin
    q1<=!key_in;
    q2<=q1;
    q3<=q2;
    end
    assign key_out=q1&q2&q3;
    endmodule
```

6.2.3 按键消抖电路的验证

1. 测试程序代码

```verilog
`timescale 1ns / 1ps
module test_xiaodou
    (    );
    reg    clk_in;         //clk_in 为时钟信号，寄存器类型
    reg    key_in;         //key_in 为按键输入信号，寄存器类型
    wire   key_out;        //key_out 为按键输出信号，线网类型
```

```
//调用 xiaodou 实例化程序
    xiaodou u1(.clk_in(clk_in),.key_in(key_in),.key_out(key_out));
//产生激励信号 clk_in 时钟，周期为 10_000ms
        always
            begin
            clk_in=1'b0;#5000;
            clk_in=1'b1;#5000;
             end
//产生激励信号 key_in，输入时钟为一连串高低电平；
        initial
            begin
            key_in=1'b0;#5000;        key_in=1'b1;#5000;
            key_in=1'b0;#5000;        key_in=1'b1;#5000;
            key_in=1'b0;#40_000;      key_in=1'b1;#5000;
            key_in=1'b0;#5000;        key_in=1'b1;#5000;
            key_in=1'b0;#5000;        key_in=1'b1;
             end
        endmodule
```

2. 仿真波形

按键消抖仿真波形如图 6-12 所示，当按键操作时间大于或等于 clk_in 时钟周期的 6 倍时，输出一个正脉冲，实现按键按下为低电平，经消抖后得到稳定的高电平信号。

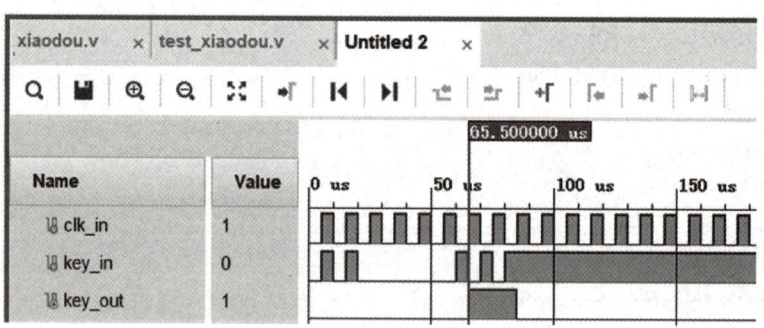

图 6-12　按键消抖仿真波形

【项目实施】 矩阵式键盘接口电路的设计与验证

项目 6
【项目实施】
矩阵式键盘接口电路的设计与验证

在键盘设计中，当按键数量较多时，为了减少 I/O 口的占用，通常将按键排列成矩阵形式。在矩阵式键盘中，每条水平线和垂直线在交叉处不直接连通，而是通过一个按键来实现连接。这样，8 个 I/O 口就可以构成 4×4 共 16 个按键，比直接将 I/O 口用于键盘，效率提升了一倍，而且行数越多，效率提升越明显。如，再加一条行线，就可以构成一个有 20 个按键的键盘。由此可见，在需要按键数比较多时，采用矩阵式键盘更合理。

1. 矩阵式键盘接口电路的功能要求

矩阵式键盘的结构显然比独立式按键复杂一些，识别也要复杂一些，行线所接的 FPGA 的 I/O 口作为输入，而列线所接的 I/O 口则作为输出，矩阵式键盘接口电路如图 6-13 所示，图中 clk 为输入时钟信号，rst 为复位信号，row[0]～row[3]为行输入信号，col[0]～col[3]为列输出信号。矩阵式键盘接口电路的功能要求是：按下键"0"输出数据"0"，按下键"1"输出数据"1"，依此类推，键按下"15"输出数据"15"。

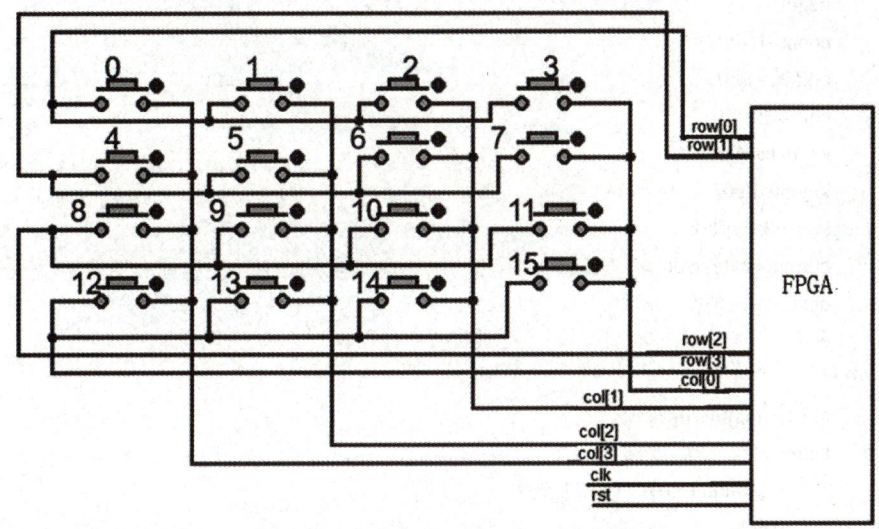

图 6-13　矩阵式键盘接口电路

2. 矩阵式键盘接口电路的设计

```
`timescale 1ns / 1ps
module juzhenkey(
    input  clk,              //clk 为时钟输入信号
    input  rst,              //rst 为复位输入信号
    input  [3:0]row,         //row[3:0]为行输入信号
    output reg [3:0]col,     //col[3:0]为列输出信号
    output reg [3:0]keydata  //keydata[3:0]为按键值输出信号
    );
//定义一些寄存器类型变量、线网类型变量
    reg [15:0]count;
    reg clk500;
    reg    keyint;
    wire key_clk;
    reg key_clk1;
//定义 6 个常量，每个常量只有一位为"1"
    parameter NO_KEY_PRESSED = 6'b000_001;   //无键被按下
    parameter SCAN_COL0      = 6'b000_010;   //扫描第 1 列
    parameter SCAN_COL1      = 6'b000_100;   //扫描第 2 列
```

```verilog
        parameter SCAN_COL2      = 6'b001_000;      //扫描第3列
        parameter SCAN_COL3      = 6'b010_000;      //扫描第4列
        parameter KEY_PRESSED    = 6'b100_000;      //有键被按下
//定义当前状态和下一个状态为寄存器类型变量
    reg [5:0] current_state, next_state;
//将寄存器类型变量初始化
    initial
    begin
        count=16'd0;
        clk500=1'b0;
        col=4'd0;
        keydata=4'd0;
        keyint=1'b0;
        key_clk1=1'b0;
        current_state=6'd0;
        next_state=6'd0;
    end
//分频
    always @(posedge clk)
    begin
        if (count[15:0]==16'd24_999)
        begin
            count<=16'd0;
            clk500<=!clk500;
        end
        else
        begin
            count[15:0]<=count[15:0]+1'b1;
        end
    end

    assign key_clk=clk500&1'b1;
/***确定当前状态********************/
    always @ (posedge key_clk or negedge rst)
    begin
        if (!rst)
            current_state <= NO_KEY_PRESSED;
        else
            current_state <= next_state;
    end
/**依据当前状态确定下一个状态**************************/
    always @(current_state)
    begin
```

```verilog
        case (current_state)
            NO_KEY_PRESSED :        //无键被按下
                if (row != 4'hF)
                    next_state = SCAN_COL0;
                else
                    next_state = NO_KEY_PRESSED;
            SCAN_COL0 :                             //扫描第1列
                if (row != 4'hF)
                    next_state = KEY_PRESSED;       //本列有键按下
                else
                    next_state = SCAN_COL1;
            SCAN_COL1 :                             //扫描第2列
                if (row != 4'hF)
                    next_state = KEY_PRESSED;
                else
                    next_state = SCAN_COL2;
            SCAN_COL2 :                             //扫描第3列
                if (row != 4'hF)
                    next_state = KEY_PRESSED;
                else
                    next_state = SCAN_COL3;
            SCAN_COL3 :                             //扫描第4列
                if (row != 4'hF)
                    next_state = KEY_PRESSED;
                else
                    next_state = NO_KEY_PRESSED;
            KEY_PRESSED :                           //有键被按下
                if (row != 4'hF)
                    next_state = KEY_PRESSED;
                else
                    next_state = NO_KEY_PRESSED;
        endcase
    end
    reg [3:0] col_val, row_val;                     //定义列值、行值
/**依据下一个状态确定变量col*********************************/
    always @ (posedge key_clk or negedge rst)
    begin
        if (!rst)
        begin
            col<= 4'h0;
            keyint<=0;
        end
        else
```

```verilog
        case (next_state)
            NO_KEY_PRESSED :                        //无键被按下
            begin
                col <= 4'h0;
                keyint <= 0;                        //标记为 0
            end
            SCAN_COL0 :                             //扫描第 1 列
                col <= 4'b1110;

            SCAN_COL1 :                             //扫描第 2 列
                col <= 4'b1101;
            SCAN_COL2 :                             //扫描第 3 列
                col <= 4'b1011;
            SCAN_COL3 :                             //扫描第 4 列
                col <= 4'b0111;
            KEY_PRESSED :                           //有键被按下
            begin
                col_val<= row;                      //行赋给列值
                row_val<= col;                      //列赋给行值
                keyint <= 1;                        //标记值为 1
            end
        endcase
    end
/**将列值和行值拼接在一起确定键值*****************************************/
    always @ (negedge key_clk or negedge rst)
    begin
      if (!rst)
         keydata <= 16'h0000;
      else
        if (keyint)
           case ({col_val, row_val})
              8'b1110_1110 : keydata <= 4'd0;
              8'b1110_1101 : keydata <= 4'd4;
              8'b1110_1011 : keydata <= 4'd8;
              8'b1110_0111 : keydata <= 4'd12;

              8'b1101_1110 : keydata <= 4'd1;
              8'b1101_1101 : keydata <= 4'd5;
              8'b1101_1011 : keydata <= 4'd9;
              8'b1101_0111 : keydata <= 4'd13;


              8'b1011_1110 : keydata <= 4'd2;
```

```
            8'b1011_1101 : keydata <= 4'd6;
            8'b1011_1011 : keydata <= 4'd10;
            8'b1011_0111 : keydata <= 4'd14;

            8'b0111_1110 : keydata <= 4'd3;
            8'b0111_1101 : keydata <= 4'd7;
            8'b0111_1011 : keydata <= 4'd11;
            8'b0111_0111 : keydata <= 4'd15;

            default:   keydata <= keydata;
          endcase
        else
          keydata <= keydata;
    end
endmodule
```

【项目评价】

项目名称：　　　　　　　　　　项目承接人姓名：　　　　　日期：
矩阵式键盘接口电路的设计与验证

项目要求	得分标准	得分情况
项目分析（10分） 项目分析合理，项目准备单填写准确	项目准备单填写合理性评价（每合理1条得1分，满分10分）	
关键要求一（15分） 能用自己的语言描述矩阵键盘接口电路的原理	1. 对矩阵键盘接口电路的原理有自己的理解（7分） 2. 能准确描述矩阵键盘接口电路的作用和价值（8分）	
关键要求二（15分） 能设计交通信号灯的源程序和测试程序	1. 交通信号灯的源程序设计正确（5分） 2. 交通信号灯的测试程序设计合理，仿真验证波形正确（10分）	
关键要求三（10分） 能设计按键消抖电路的源程序和测试程序	1. 按键消抖电路的源程序设计正确（5分） 2. 按键消抖电路的测试程序设计合理，仿真验证波形正确（5分）	
关键要求四（15分） 能设计矩阵键盘接口电路的源程序	1. 矩阵键盘接口电路的源程序设计正确（5分） 2. 矩阵键盘接口电路的代码下载验证正确（10分）	
关键要求五（10分） 能设计直流电机驱动电路的源程序	1. 直流电机驱动电路的源程序设计正确（5分） 2. 直流电机驱动电路的测试程序设计合理，仿真验证波形正确（5分）	
项目汇报（10分） 汇报内容清晰、重点突出、时间把握合理、衣着整洁、仪态自然大方	1. 汇报内容不清晰（每处扣1分） 2. 重点不突出（根据情况酌情扣分，最多扣3分） 3. 衣着不整洁（根据情况酌情扣分，最多扣3分） 4. 仪态不自然大方（根据情况酌情扣分，最多扣3分）	
职业道德和职业核心能力（10分） 了解国家行业发展，能有效分析信息，并对专业文化有认同感	1. 没有体现国家行业发展（扣3分） 2. 信息搜集不完善，缺乏有效分析（扣1~5分）	
创新创意（5分）	项目完成过程中，能结合国家对行业发展新要求，应用新技术、新方法、新理论等，创新解决问题（每点附加1分，最高附加5分）	

习题

1. 试用预先指定循环次数的循环语句产生一个起始值为 0、延时时间为 15 个时间单位、周期为 40 个时间单位的 20 个周期信号。

2. 试分析以下程序，画出它的逻辑图。

```
module dd_ff(clk,q,rd);
   input clk,rd;
   output q;
   reg q;
   always @(negedge clk or negedge rd)
      if (~rd)
         q<=1'b0;
      else
         q<=~q;
endmodule
```

3. 设计等占空比的 14 分频 Verilog 源程序，模块名为 nn，其中 cp 为输入时钟信号，cp_14 为输出时钟信号。

项目 7　数字钟的设计与验证

数字钟是一种基于电子技术的时间显示设备，通常采用 LED 或 OLED 屏幕来清晰展示时、分、秒等信息，还可显示日期、温度等附加数据。其核心功能是精准计时，并可通过按键进行时间设置，蜂鸣器结构简单、体积小，在数字钟中作为闹铃或整点报时的发声装置。数字钟广泛应用于家庭、办公室、学校等日常生活场景，为人们提供便捷的时间管理，同时因其直观的显示特性，也常见于车站、医院等公共场所，满足高效读时的需求。

知识目标	技能目标	素养目标
◇ 掌握蜂鸣器原理 ◇ 掌握时、分、秒计数原理 ◇ 掌握生成精确的1Hz信号设计原理 ◇ 掌握将大型电路设计拆分为小型的模块设计思路 ◇ 掌握实例化设计思路	◇ 能编写数码管动态扫描程序 ◇ 能分析并解决时序问题（如亚稳态、时钟偏移） ◇ 能将分频模块、计时模块、闹钟模块、显示模块整合为完整系统 ◇ 能实现多模块间的协同工作 ◇ 能编写数字钟测试程序	◇ 具备优化资源意识 ◇ 具备敬业精神 ◇ 具备乐观向上意识

【思维导图】

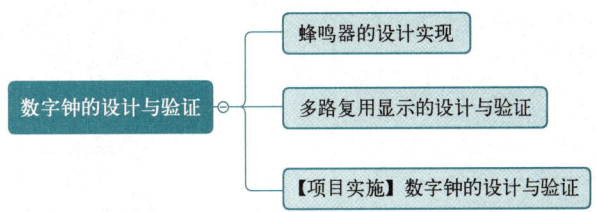

任务 7.1　蜂鸣器的设计实现

蜂鸣器是一种一体化结构的电子讯响器，采用直流电压供电，广泛应用于计算机、打印机、报警器、电子玩具、汽车电子设备等电子产品中，作为发声组件。蜂鸣器驱动电路如图 7-1 所示，其中 HA1 为蜂鸣器，FPGA 送出的蜂鸣器信号 BUZZER 由晶体管 VT1 驱动，蜂鸣器的供电电压为 3.3V。

任务 7.1 蜂鸣器的设计实现

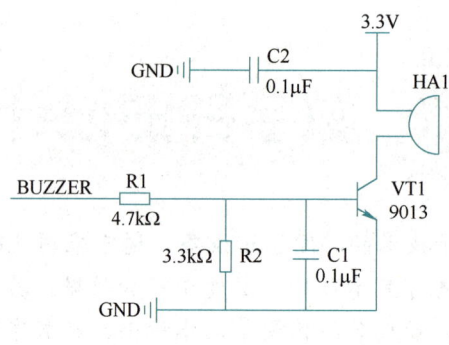

图 7-1 蜂鸣器驱动电路

蜂鸣器驱动程序源代码如下。

```
module fmq
(
    input clk,                //clk 为时钟输入信号
    output reg buzzer         //buzzer 为输出信号
);
    reg [14:0]count;
//24MHz 分频得到中音 2 的频率 587.3Hz
    always@(posedge clk)
      begin
      if(count==15'd20432)
        buzzer<=!buzzer;
      else
      count<=count+1;
      end
endmodule
```

任务 7.2　多路复用显示的设计与验证

多路复用显示技术通过分时依次点亮多个数码管,利用人眼的视觉暂留效应实现稳定显示效果。其核心原理是将所有数码管的段选信号(a～g)并联连接,通过位选信号(sg1～sgn)循环选通对应数码管,在极短周期内(通常为 1～16ms)快速切换显示不同数字,当扫描频率高于 50Hz 时,人眼会感知所有数码管同时点亮。Verilog 设计需用计数器生成扫描时序,通过数据锁存器将待显示数字转换为段码,并同步输出对应的位选信号,循环刷新显示内容。

1. 源程序代码

```
module smg_dt(
```

```verilog
        input clk,              // clk 为时钟输入信号
        input [3:0]bcd1,        // bcd1、bcd2、bcd3、bcd4 为 4 个 4 位输入数据
        input [3:0]bcd2,
        input [3:0]bcd3,
        input [3:0]bcd4,
        output reg[6:0]segout,  // segout 为七位段输出信号
        output reg [4:1]sg      // sg 为 4 个数码管选通输出信号
     );
reg    [1:0]count;
reg    [3:0]seg_in;
initial
begin
   segout=7'b0000000;
   sg=4'b1111;
   count=2'b00;
   seg_in=4'b1111;
end
  always @(posedge clk)
    case(count)
    2'b00:begin   sg=4'b1110;
                  seg_in=bcd1;
                  count=count+1;
           end
    2'b01:begin   sg=4'b1101;
                  seg_in=bcd2;
                  count=count+1;
             end
    2'b10:begin   sg=4'b1011;
                  seg_in=bcd3;
                  count=count+1;
             end
     2'b11:begin  sg=4'b0111;
                  seg_in=bcd4;
                  count=count+1;
             end
  endcase
  always @(seg_in)
    begin
      case(seg_in)
        4'd0:segout=7'b1111110;
```

```
            4'd1:segout=7'b0110000;
            4'd2:segout=7'b1101101;
            4'd3:segout=7'b1111001;
            4'd4:segout=7'b0110011;
            4'd5:segout=7'b1111110;
            4'd6:segout=7'b1011111;
            4'd7:segout=7'b1110000;
            4'd8:segout=7'b1111111;
            4'd9:segout=7'b1110011;
            default:segout=7'b0000000;
        endcase
    end
endmodule
```

2. 仿真程序代码

```
module tb_smg_dt( );
    reg clk;
    reg [3:0]bcd1;
    reg [3:0]bcd2;
    reg [3:0]bcd3;
    reg [3:0]bcd4;
    wire [6:0]segout;
    wire [4:1]sg;
    smg_dt u2(.clk(clk),.bcd1(bcd1),.bcd2(bcd2),.bcd3(bcd3),.bcd4(bcd4),.segout(segout),.sg(sg));
    initial
    begin
        clk=0;bcd1=4'h1;bcd2=4'h2;bcd3=4'h3;bcd4=4'h4;#5;
        bcd1=4'h1;bcd2=4'h2;bcd3=4'h3;bcd4=4'h4;#500;
    end
    always #5 clk=~clk;
endmodule
```

3. 仿真波形

多路复用显示技术的仿真波形如图 7-2 所示，clk 为 10ns 周期信号，输入信号 bcd1、bcd2、bcd3 和 bcd4 分别为 1、2、3、4，输出信号 sg[4:1]为"1110"时，segout[6:0]输出数字"1"的段码"0110000"；输出信号 sg[4:1]为"1101"时，segout[6:0]输出数字"2"的段码"1101101"；输出信号 sg[4:1]为"1011"时，segout[6:0]输出数字"3"的段码"1111001"；输出信号 sg[4:1]为"0111"时，segout[6:0]输出数字"4"的段码"0110011"。

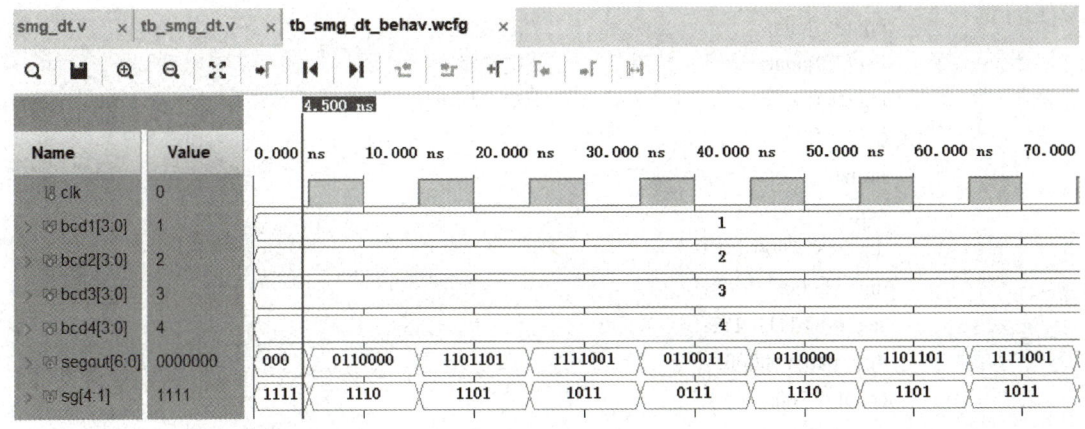

图 7-2 多路复用显示技术的仿真波形

【项目实施】 数字钟的设计与验证

项目 7
【项目实施】
数字钟的设计
与验证

数字钟是一种用数字电路技术实现时、分、秒计时的装置。从原理上讲，数字钟是一种典型的数字电路，一般由振荡器、分频器、计数器、显示器等组成。数字钟的设计方法有多种，例如，可用中小规模集成电路组成数字钟；也可以利用专用的数字钟芯片配以显示电路及其所需要的外围电路组成数字钟；还可以利用 FPGA 来实现数字钟。

数字钟以其体积小、重量轻、抗干扰能力强、对环境要求低、高精度、易开发等特性，在工业控制系统、智能化仪表、办公自动化等诸多领域取得了极为广泛的应用，其应用范围包括定时自动报警、按时自动打铃、时间程序自动控制、定时广播、自动启闭路灯、定时开关烘箱、通断动力设备，甚至各种定时电器的自动启用等。

设计一个具有时、分、秒计时的数字钟电路，按 24 小时制计时。要求准确计时，用数码管显示时、分、秒的时间，时、分、秒之间加横线"-"。

1. 源程序代码

```
`timescale 1ns / 1ps
module szz(
    input   clk,            //clk 为时钟输入信号
    input   rst,            //rst 为复位输入信号
    output reg[7:0] seg_r,  //seg_r 为数码管段输出信号
    output reg[2:0] dig,    //dig 为计数器输出信号
    output reg[7:0] dig_r   //dig_r 为数码管片选输出信号
    );
/*定义中间变量*/
    reg[3:0] disp_dat;      //定义显示数据寄存器
    reg[24:0]count;         //定义计数寄存器
    reg [7:0]sec;           //定义秒
```

```verilog
        reg [7:0]min;               //定义分
        reg [7:0]hour;              //定义时
        reg clk1hz;                 //定义标志位
/*变量初始化*/
    initial
    begin
        dig_r=8'b0000_0000;
        dig=3'b000;
        seg_r=8'b1111_1111;
        disp_dat=4'b0000;
        count=25'd0;
        sec=8'd0;
        min=8'd0;
        hour=8'd0;
        clk1hz=1'b0;
    end
/*产生 1Hz 周期信号 clk1hz*/
    always @(posedge clk)           //定义 clk 上升沿触发
    begin
    count = count + 1'b1;
    if(count == 25'd1249_9999)      //0.5s 到了吗？
        begin
        count = 25'd0;              //计数器清零
        clk1hz = ～clk1hz;          //1Hz 信号翻转
        end
    end
/*数码管动态扫描时、分、秒*/
    always @(posedge count[10])     //定义上升沿触发进程
        begin
        dig <= dig + 1'b1;
        end
    always @(posedge count[10])
        begin
        case(dig)                   //选择扫描显示数据
        3'd6:begin disp_dat = sec[3:0];  dig_r=8'b0000_0001;end    //秒个位
        3'd5:begin disp_dat = sec[7:4];  dig_r=8'b0000_0010;end    //秒十位
        3'd4:begin disp_dat = 4'ha;      dig_r=8'b0000_0100;end    //显示 "-"
        3'd3:begin disp_dat = min[3:0];  dig_r=8'b0000_1000;end    //分个位
        3'd2:begin disp_dat = min[7:4];  dig_r=8'b0001_0000;end    //分十位
        3'd1:begin disp_dat = 4'ha;      dig_r=8'b0010_0000;end    //显示 "-"
        3'd0:begin disp_dat = hour[3:0]; dig_r=8'b0100_0000;end    //时个位
        3'd7:begin disp_dat = hour[7:4]; dig_r=8'b1000_0000;end    //时十位
```

```verilog
            endcase
        end
/*共阳极数码管显示数字0～9和横线*/
    always @(disp_dat)
        begin
            case(disp_dat)                          //共阳极数码管
                4'h0:seg_r = 8'hc0;                 //显示0
                4'h1:seg_r = 8'hf9;                 //显示1
                4'h2:seg_r = 8'ha4;                 //显示2
                4'h3:seg_r = 8'hb0;                 //显示3
                4'h4:seg_r = 8'h99;                 //显示4
                4'h5:seg_r = 8'h92;                 //显示5
                4'h6:seg_r = 8'h82;                 //显示6
                4'h7:seg_r = 8'hf8;                 //显示7
                4'h8:seg_r = 8'h80;                 //显示8
                4'h9:seg_r = 8'h90;                 //显示9
                4'ha:seg_r = 8'hbf;                 //显示-
                default:seg_r = 8'hff;              //不显示
            endcase
        end
/*产生秒、分和时*/
    always @(negedge clk1hz or negedge rst)
        begin
            if(!rst)                                //是清零键吗？是，则清零
            begin
                sec=8'd0;
                min=8'd0;
                hour = 8'h0;
            end
            else
            begin
                sec[3:0] = sec[3:0] + 1'b1;         //秒的个位加1
                if(sec[3:0] == 4'ha)
                begin
                    sec[3:0] = 4'h0;
                    sec[7:4] = hour[7:4] + 1'b1;    //秒的十位加一
                    if(sec[7:4] == 4'h6)
                    begin
                        sec[7:4] = 4'h0;
                        min[3:0] =min[3:0]+ 1'b1;   //分的个位加一
                        if(min[3:0] == 4'ha)
                        begin
```

```verilog
                    min[3:0] = 4'h0;
                    min[7:4] = min[7:4] + 1'b1;        //分的十位加一
                    if(min[7:4] == 4'h6)
                    begin
                        min[7:4] = 4'h0;
                        hour[3:0] = hour[3:0] + 1'b1;  //时的个位加一
                        if(hour[3:0] == 4'ha)
                        begin
                            hour[3:0] = 4'h0;
                            hour[7:4] = hour[7:4] + 1'b1; //时的十位加一
                        end
                        if(hour[7:0] == 8'h24)
                            hour[7:0] = 8'h0;
                    end
                end
            end
        end
    end
end
endmodule
```

2. 仿真程序代码

```verilog
`timescale 1ns / 1ps
module test_szz(   );
    reg clk;                    //clk 为时钟信号, 寄存器类型
    reg rst;                    //rst 为复位信号, 寄存器类型
    wire [7:0] seg_r;           //seg_r 为数码管段信号, 线网类型
    wire [2:0] dig;             //dig 为计数器信号, 线网类型
    wire [7:0] dig_r;           //dig_r 为数码管片选信号, 线网类型
/*调用 szz 实例化程序*/
    szz u1(.clk(clk),.rst(rst),.seg_r(seg_r),.dig(dig),.dig_r(dig_r));
/*rst 初始化为低电平, 10ns 后为高电平*/
    initial
    begin
    rst=1'b0;
    #10 rst=1'b1;
    end
/*clk 为周期信号, 周期为 40ns*/
    always
    begin
    clk=1'b0;
    #20;
```

```
clk=1'b1;
#20;
end
endmodule
```

3. 仿真波形

若干个数码管显示数字'0'的仿真波形如图7-3所示，dig 从 0 计到 7，对应每个计数值 dig_r[7:0]只有 1 位为高电平，即选通某个共阳极数码管。

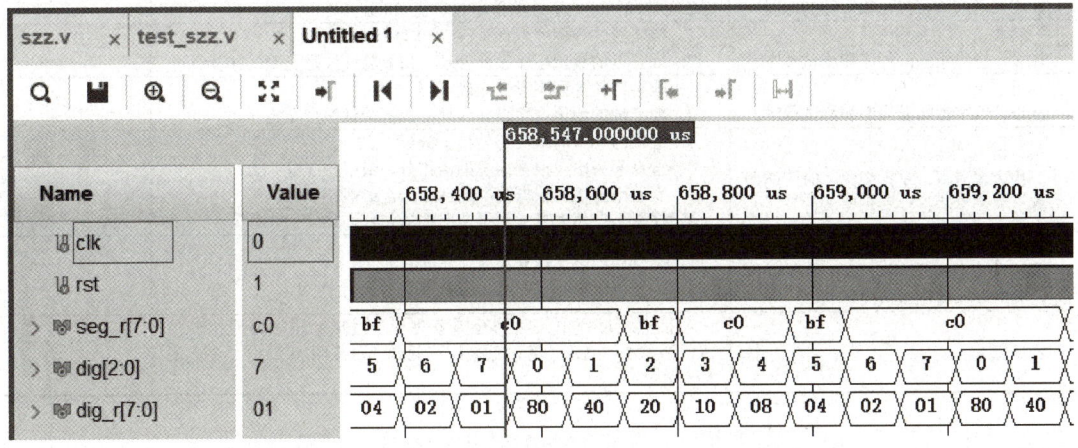

图 7-3　若干个数码管显示数字'0'的仿真波形

某个数码管显示数字'1'的仿真波形如图 7-4 所示，dig_r[0]为高电平，即选通右边第 1 个共阳极数码管。

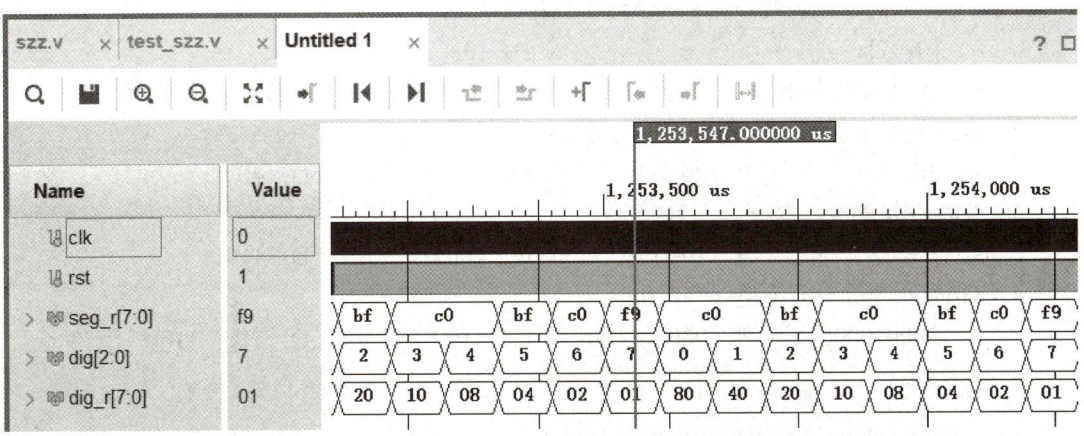

图 7-4　某个数码管显示数字'1'的仿真波形

【项目评价】

项目名称： 项目承接人姓名： 日期：
数字钟的设计与验证

项目要求	得分标准	得分情况
项目分析（10 分） 项目分析合理，项目准备单填写准确	项目准备单填写合理性评价（每合理 1 条得 1 分，满分 10 分）	
关键要求一（15 分） 能用自己的语言描述数字钟的原理	1.对数字钟的原理有自己的理解（7 分） 2.能准确描述数字钟的作用和价值（8 分）	
关键要求二（20 分） 能设计蜂鸣器的源程序和测试程序	1. 蜂鸣器的源程序设计正确（10 分） 2. 蜂鸣器的测试程序设计合理，仿真验证波形正确（10 分）	
关键要求三（30 分） 能设计数字钟的源程序和测试程序	1. 数字钟的源程序设计正确（15 分） 2. 数字钟的测试程序设计合理，仿真验证波形正确（15 分）	
项目汇报（10 分） 汇报内容清晰、重点突出、时间把握合理、衣着整洁、仪态自然大方	1. 汇报内容不清晰（每处扣 1 分） 2. 重点不突出（根据情况酌情扣分，最多扣 3 分） 3. 衣着不整洁（根据情况酌情扣分，最多扣 3 分） 4. 仪态不自然大方（根据情况酌情扣分，最多扣 3 分）	
职业道德和职业核心能力（10 分） 了解国家行业发展，能有效分析信息，并对专业文化有认同感	1. 没有体现国家行业发展（扣 3 分） 2. 信息搜集不完善，缺乏有效分析（扣 1～5 分）	
创新创意（5 分）	项目完成过程中，能结合国家对行业发展新要求，应用新技术、新方法、新理论等，创新解决问题（每点附加 1 分，最高附加 5 分）	

习题

一、选择题

1. （　　）向量或总线声明显示 MSB 在左边。
   A. [0：7]a　　　　　　　　B. [0：7]b
   C. 既是 A 也是 B　　　　　D. 既不是 A 也不是 B
2. 多路复用多于（　　）个，需用进位链。
   A. 30　　　B. 20　　　C. 24　　　D. 40
3. 4'hB 变量的大小是（　　）。
   A. 1011　　B. 1010　　C. 1001　　D. 1100
4. 8'b1100 变量的大小是（　　）。
   A. 0000_0000　B. 0000_1100　C. 1100　　D. 1111_1100

二、简答题

1. 共阴极和共阳极数码管的区别是什么？
2. d 的最终值为 _____

```
module test_beg_ini(    );
    reg b,c,d;
    wire   b_1,c_1,d_1;
```

```
    beg_ini u1(.b(b),.c(c),.d(d),.b_1(b_1),.c_1(c_1),.d_1(d_1));
    initial
    begin
        b=1'b0;c=1'b0;
        #10 b=1'b1;
    end
    initial
    begin
        d=#25 (b|c);
    end
endmodule
```

项目 8　串行通信接口设计实现

串行通信技术是一种依据时序规则，通过逐位传输数据的通信方式。串行通信中，数据按位依次传输，每位数据占据固定的时间长度，因此可使用少数几条通信线路就可以完成系统间的信息交换，特别适用于计算机与计算机、计算机与外围设备之间的远距离通信。

串行通信分同步通信和异步通信两种方式。同步通信是一种连续串行传送数据的通信方式，一次通信只传送一帧信息。它们均由同步字符、数据字符和校验字符（CRC）组成。其中同步字符位于帧开头，用于确认数据字符的开始。数据字符在同步字符之后，个数没有限制，由所需传输的数据块长度来决定；校验字符有 1～2 个，用于接收端对接收到的字符序列进行正确性的校验。同步通信的缺点是要求发送时钟和接收时钟保持严格的同步。在异步通信中有两个重要的指标：字符帧格式和波特率。数据通常以字符或者字节为单位组成字符帧传送。字符帧由发送端逐帧发送，通过传输线被接收设备逐帧接收。发送端和接收端可以由各自的时钟来控制数据的发送和接收，这两个时钟源彼此独立，互不同步。

知识目标	技能目标	素养目标
◆ 理解 UART 异步串行通信原理（起始位、数据位、校验位、停止位） ◆ 掌握波特率（Baud Rate）生成与时钟分频计算 ◆ 掌握 I^2C 同步、半双工通信特性及地址寻址机制 ◆ 理解 I^2C 起始/停止条件、ACK/NACK 响应、时钟同步与仲裁 ◆ 掌握状态机设计（Mealy/Moore）在串行通信协议控制中的应用 ◆ 掌握串行通信实例化设计思路	◆ 能编写发送模块源程序 ◆ 能编写 UART 接收模块源程序和测试程序 ◆ 能编写 I^2C 接口源程序 ◆ 能通过时序约束编写满足 I^2C 的时钟抖动要求程序	◆ 具备技术规范意识 ◆ 具备确定 I^2C 的 SCL 时钟频率能力 ◆ 具备模块化设计意识

【思维导图】

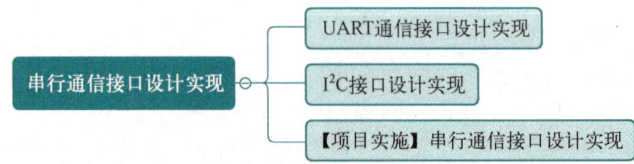

任务 8.1　UART 通信接口设计实现

通用异步收发传输器（Universal Asynchronous Receiver/Transmitter，UART）是一种广泛使用的串行通信接口，采用异步传输方式，通过两根信号线（TXD 发送和 RXD 接收）实现全双

任务 8.1
UART 通信接口设计实现

工数据交换，无需时钟信号同步，而是依靠预先约定的波特率、数据位、停止位和校验位等参数协调通信。其核心特点包括：数据以帧为单位逐位传输，每帧通常由 1 位起始位（低电平）、5～9 位数据位、可选的奇偶校验位以及 1～2 位停止位（高电平）构成，通信双方需严格匹配波特率（如 9600、115200 等）以确保时序一致。

UART 支持点对点通信，具有硬件简单（仅需电平转换芯片如 MAX232 即可适配 RS-232 标准）、灵活性高（可通过软件配置参数）的优点，但传输距离较短（通常不超过 15m），为增强抗干扰能力，工业场景中常将其与 RS-485 等标准结合使用以延长传输距离。

1. UART 通信源程序代码

```verilog
module uart
(
    input    clk,              //时钟输入信号
    input    rst,              //复位输入低电平有效
    input    uart_rx,          //串口输入
    output   uart_tx,          //串口输出
    output   [7:0]rxx_data     //数据输出
);
/***定义若干常量***/
    parameter   CLK_FRE = 50;     //可用于其他模块
    localparam  IDLE =  0;        //仅当前模块使用
    localparam  SEND =  1;        //发送 HELLO ALINX\r\n
    localparam  WAIT =  2;        //等待 1s 发送 uart 接收数据
/***定义若干变量***/
    reg[7:0]   tx_data;
    reg[7:0]   tx_str;
    reg    tx_data_valid;
    wire   tx_data_ready;
    reg[7:0]   tx_cnt;
    wire[7:0]  rx_data;
    wire   rx_data_valid;
    wire   rx_data_ready;
    reg[31:0]  wait_cnt;
    reg[3:0]   state;

    assign rx_data_ready = 1'b1;   //总能接收数据
                                   //如果发送了 HELLO ALINX\r\n, 接收数据将被丢弃
/*1s 发 1 个信息包 HELLO ALINX\r\n , FPGA 处于接收状态*/
    always@(posedge clk or negedge rst)
    begin
        if(rst == 1'b0)
        begin
            wait_cnt <= 32'd0;
```

```verilog
            tx_data <= 8'd0;
            state <= IDLE;
            tx_cnt <= 8'd0;
            tx_data_valid <= 1'b0;
        end
        else
        case(state)
            IDLE:
                state <= SEND;
            SEND:
            begin
                wait_cnt <= 32'd0;
                tx_data <= tx_str;
/*发送12字节数据*/
                if(tx_data_valid == 1'b1 && tx_data_ready == 1'b1 && tx_cnt < 8'd12)
                begin
                    tx_cnt <= tx_cnt + 8'd1;              //发送数据计数器
                end
                else if(tx_data_valid && tx_data_ready)   //最后字节发送完毕
                begin
                    tx_cnt <= 8'd0;
                    tx_data_valid <= 1'b0;
                    state <= WAIT;
                end
                else if(~tx_data_valid)
                begin
                    tx_data_valid <= 1'b1;
                end
            end
            WAIT:
            begin
                wait_cnt <= wait_cnt + 32'd1;
                if(tx_data_valid == 1'b1)
                begin
                    tx_data_valid <= 1'b1;
                    tx_data <= rx_data;     //send uart received data
                end
                else if(tx_data_valid && tx_data_ready)
                begin
                    tx_data_valid <= 1'b0;
                end
                else if(wait_cnt >= CLK_FRE * 1000000) //等待1s
```

```verilog
                    state <= SEND;
            end
                default:
                    state <= IDLE;
        endcase
    end
    assign rxx_data=rx_data;
/*组合逻辑，发送 "HELLO ALINX\r\n"*/
    always@(*)
    begin
        case(tx_cnt)
            8'd0 :   tx_str <= "H";
            8'd1 :   tx_str <= "E";
            8'd2 :   tx_str <= "L";
            8'd3 :   tx_str <= "L";
            8'd4 :   tx_str <= "O";
            8'd5 :   tx_str <= " ";
            8'd6 :   tx_str <= "A";
            8'd7 :   tx_str <= "L";
            8'd8 :   tx_str <= "I";
            8'd9 :   tx_str <= "N";
            8'd10:   tx_str <= "X";
            8'd11:   tx_str <= "\r";
            8'd12:   tx_str <= "\n";
            default:tx_str <= 8'd0;
        endcase
    end
/*调用 uart_tx 发送模块和 uart_rx 接收模块*/
    uart_rx#
     (.CLK_FRE(CLK_FRE),.BAUD_RATE(115200))
    uart_rx_inst
     (.clk (clk ),.rst (rst),.rx_data (rx_data),.rx_data_valid (rx_data_valid),.rx_data_ready (rx_data_ready),
    .rx_pin (uart_rx));

    uart_tx#
     (.CLK_FRE(CLK_FRE),.BAUD_RATE(115200))
    uart_tx_inst
     (.clk (clk ),.rst (rst ),.tx_data (tx_data),.tx_data_valid (tx_data_valid),
    .tx_data_ready (tx_data_ready),.tx_pin (uart_tx ));
    endmodule
```

2. uart_rx 接收源程序代码

```verilog
module uart_rx
#(
    parameter CLK_FRE = 50,              //时钟频率(单位：MHz)
    parameter BAUD_RATE = 115200         //串行波特率
)
(
    input           clk,
    input           rst,                 //异步复位输入，低电平有效
    output reg  [7:0] rx_data,           //接收串行数据
    output reg      rx_data_valid,       //接收串行数据有效
    input           rx_data_ready,       //接收数据模块准备信号
    input           rx_pin               //串行输入数据
);
//calculates the clock cycle for baud rate
/*定义时钟周期*/
localparam    CYCLE = CLK_FRE * 1000000 / BAUD_RATE;
/*定义若干状态*/
localparam    S_IDLE = 1;
localparam    S_START = 2;               //起始位
localparam    S_REC_BYTE = 3;            //数据字节
localparam    S_STOP = 4;                //停止位
localparam    S_DATA = 5;
/*定义若干变量*/
reg    [2:0] state;
reg    [2:0] next_state;
reg    rx_d0;                            //为 rx_pin 延时 1 个周期
reg    rx_d1;                            //为 rx_d0 延时 1 个周期
wire   rx_negedge;                       //rx_pin 的下降沿
reg    [7:0] rx_bits;                    //暂存接收数据
reg    [15:0] cycle_cnt;                 //周期计数器
reg    [2:0] bit_cnt;                    //位计数
assign rx_negedge = rx_d1 && ~rx_d0;
/*产生接收数据 rx_d0 和 rx_d1，rx_d1 比 rx_d0 延时 1 个周期*/
always@(posedge clk or negedge rst)
begin
    if(rst == 1'b0)
    begin
        rx_d0 <= 1'b0;
        rx_d1 <= 1'b0;
    end
```

```verilog
            else
        begin
            rx_d0 <= rx_pin;
            rx_d1 <= rx_d0;
        end
end

/*确定状态 state*/
always@(posedge clk or negedge rst)
begin
    if(rst == 1'b0)
        state <= S_IDLE;
    else
        state <= next_state;
end
/*确定下一状态 next_state*/
always@(*)
begin
    case(state)
        S_IDLE:
            if(rx_negedge)
                next_state <= S_START;
            else
                next_state <= S_IDLE;
        S_START:
            if(cycle_cnt == CYCLE - 1)//one data cycle
                next_state <= S_REC_BYTE;
            else
                next_state <= S_START;
        S_REC_BYTE:
            if(cycle_cnt == CYCLE - 1  && bit_cnt == 3'd7)  //receive 8bit data
                next_state <= S_STOP;
            else
                next_state <= S_REC_BYTE;
        S_STOP:
            if(cycle_cnt == CYCLE/2 - 1)//half bit cycle,to avoid missing the next byte receiver
                next_state <= S_DATA;
            else
                next_state <= S_STOP;
        S_DATA:
            if(rx_data_ready)     //data receive complete
                next_state <= S_IDLE;
```

```verilog
            else
                next_state <= S_DATA;
        default:
            next_state <= S_IDLE;
    endcase
end
/*确定接收数据有效位 rx_data_valid*/
always@(posedge clk or negedge rst)
begin
    if(rst == 1'b0)
        rx_data_valid <= 1'b0;
    else if(state == S_STOP && next_state != state)
        rx_data_valid <= 1'b1;
    else if(state == S_DATA && rx_data_ready)
        rx_data_valid <= 1'b0;
end
/*确定接收数据 rx_data*/
always@(posedge clk or negedge rst)
begin
    if(rst == 1'b0)
        rx_data <= 8'd0;
    else if(state == S_STOP && next_state != state)
        rx_data <= rx_bits;     //锁存接收数据
end
/*确定位计数器 bit_cnt*/
always@(posedge clk or negedge rst)
begin
    if(rst == 1'b0)
        begin
            bit_cnt <= 3'd0;
        end
    else if(state == S_REC_BYTE)
        if(cycle_cnt == CYCLE - 1)
            bit_cnt <= bit_cnt + 3'd1;
        else
            bit_cnt <= bit_cnt;
    else
        bit_cnt <= 3'd0;
end
/*确定周期计数器 cycle_cnt*/
always@(posedge clk or negedge rst)
begin
```

```verilog
        if(rst == 1'b0)
            cycle_cnt <= 16'd0;
        else if((state == S_REC_BYTE && cycle_cnt == CYCLE - 1) || next_state != state)
            cycle_cnt <= 16'd0;
        else
            cycle_cnt <= cycle_cnt + 16'd1;
end
//receive serial data bit data
/*确定接收数据 rx_bits*/
always@(posedge clk or negedge rst)
begin
    if(rst == 1'b0)
        rx_bits <= 8'd0;
    else if(state == S_REC_BYTE && cycle_cnt == CYCLE/2 - 1)
        rx_bits[bit_cnt] <= rx_pin;
    else
        rx_bits <= rx_bits;
end
endmodule
```

3. uart_tx 发送源程序代码

```verilog
module uart_tx
(
    parameter CLK_FRE = 50,              //时钟频率(MHz)
    parameter BAUD_RATE = 115200         //串行波特率
)
(
    input       clk,
    input       rst,                     //异步复位输入信号, 低电平有效
    input       [7:0] tx_data,           //发送数据
    input       tx_data_valid,           //数据发送有效
    output reg  tx_data_ready,           //发送准备好
    output      tx_pin                   //串行数据输出
);
//calculates the clock cycle for baud rate
/*定义时钟周期*/
localparam    CYCLE = CLK_FRE * 1000000 / BAUD_RATE;
/*定义若干状态*/
localparam    S_IDLE= 1;
localparam    S_START= 2;                //起始位
localparam    S_SEND_BYTE= 3;            //数据字节
localparam    S_STOP = 4;                //停止位
```

```verilog
reg    [2:0] state;
reg    [2:0] next_state;
reg    [15:0] cycle_cnt;            //周期计数器
reg    [2:0] bit_cnt;               //位计数器
reg    [7:0] tx_data_latch;         //锁存发送数据
reg    tx_reg;                      //串行数据输出
assign tx_pin = tx_reg;
/*确定状态 state*/
always@(posedge clk or negedge rst)
begin
    if(rst == 1'b0)
        state <= S_IDLE;
    else
        state <= next_state;
end
/*确定下一个状态 next_state*/
always@(*)
begin
    case(state)
        S_IDLE:
            if(tx_data_valid == 1'b1)
                next_state <= S_START;
            else
                next_state <= S_IDLE;
        S_START:
            if(cycle_cnt == CYCLE - 1)
                next_state <= S_SEND_BYTE;
            else
                next_state <= S_START;
        S_SEND_BYTE:
            if(cycle_cnt == CYCLE - 1  && bit_cnt == 3'd7)
                next_state <= S_STOP;
            else
                next_state <= S_SEND_BYTE;
        S_STOP:
            if(cycle_cnt == CYCLE - 1)
                next_state <= S_IDLE;
            else
                next_state <= S_STOP;
        default:
            next_state <= S_IDLE;
    endcase
```

```verilog
        end
/*确定发送数据准备状态 tx_data_ready*/
always@(posedge clk or negedge rst)
begin
    if(rst == 1'b0)
        begin
            tx_data_ready <= 1'b0;
        end
    else if(state == S_IDLE)
        if(tx_data_valid == 1'b1)
            tx_data_ready <= 1'b0;
        else
            tx_data_ready <= 1'b1;
    else if(state == S_STOP && cycle_cnt == CYCLE - 1)
        tx_data_ready <= 1'b1;
end
/*确定发送数据锁存值 tx_data_latch*/

always@(posedge clk or negedge rst)
begin
    if(rst == 1'b0)
        begin
            tx_data_latch <= 8'd0;
        end
    else if(state == S_IDLE && tx_data_valid == 1'b1)
        tx_data_latch <= tx_data;
end
/*确定位计数器 bit_cnt*/
always@(posedge clk or negedge rst)
begin
    if(rst == 1'b0)
        begin
            bit_cnt <= 3'd0;
        end
    else if(state == S_SEND_BYTE)
        if(cycle_cnt == CYCLE - 1)
            bit_cnt <= bit_cnt + 3'd1;
        else
            bit_cnt <= bit_cnt;
    else
        bit_cnt <= 3'd0;
end
```

```verilog
/*确定周期计数器 cycle_cnt*/
always@(posedge clk or negedge rst)
begin
    if(rst == 1'b0)
        cycle_cnt <= 16'd0;
    else if((state == S_SEND_BYTE && cycle_cnt == CYCLE - 1) || next_state != state)
        cycle_cnt <= 16'd0;
    else
        cycle_cnt <= cycle_cnt + 16'd1;
end
/*确定串行数据输出 tx_reg*/
always@(posedge clk or negedge rst)
begin
    if(rst == 1'b0)
        tx_reg <= 1'b1;
    else
        case(state)
            S_IDLE,S_STOP:
                tx_reg <= 1'b1;
            S_START:
                tx_reg <= 1'b0;
            S_SEND_BYTE:
                tx_reg <= tx_data_latch[bit_cnt];
            default:
                tx_reg <= 1'b1;
        endcase
end
endmodule
```

4. uart 串口测试程序代码

```verilog
`timescale 1ns / 1ps
module uart_test( );
    reg clk;                    //clk 为时钟信号，寄存器类型
    reg rst;                    //rst 为复位信号，寄存器类型
    reg uart_rx;                //uart_rx 为串口接收信号，寄存器类型
    wire uart_tx;               //uart_tx 为串口发送信号，线网类型
    wire [7:0]rxx_data;         //rxx_data[7:0]为串口接收数据，线网类型
/*调用 uart 实例化程序*/
uart uut(.clk(clk),.rst(rst),.uart_rx(uart_rx),.uart_tx(uart_tx),.rxx_data (rxx_data));
    initial
    begin
```

```
            clk = 0;                              //rst 和 clk 初始化为低电平
            rst = 0;
            #100;                                 //100ns 后 rst 为高电平，仿真时长为 20μs
            rst = 1;
            #20000;
        end
        always #10 clk = ~ clk;                   //20ns 一个周期，产生 50MHz 时钟源
    /*定义 2 个常量*/
        parameter    BPS_115200 = 8680;           //每个比特的时间
        parameter    SEND_DATA = 8'b1010_0011;    //发送 a3
        integer i = 0;
    /*产生 uart_rx 接收信号*/
        initial
        begin
        uart_rx = 1'b1;                           //总线 idle
        #1000 uart_rx = 1'b0;                     //发送起始位
        for (i=0;i<8;i=i+1)                       //发送 8 位数据
        #BPS_115200 uart_rx = SEND_DATA[i];
        #BPS_115200 uart_rx = 1'b0;               //发送停止位
        #BPS_115200 uart_rx = 1'b1;               //总线 idle
        end
    endmodule
```

5．uart 仿真波形

uart 仿真波形如图 8-1 所示。

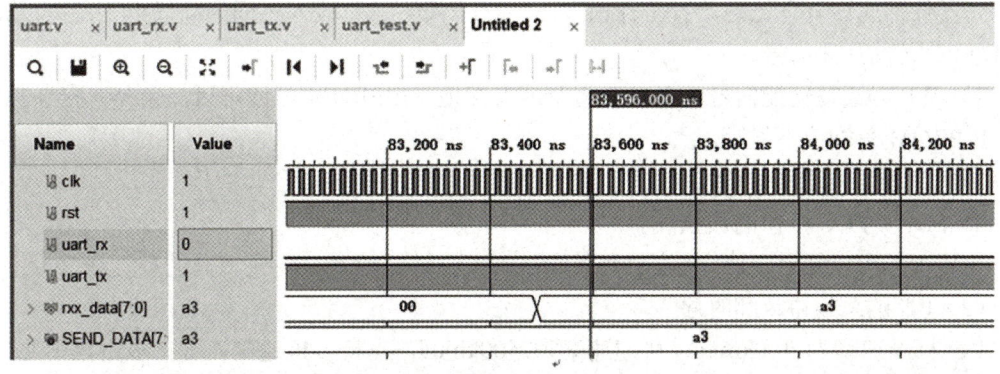

图 8-1 uart 仿真波形

从图中可以看到，clk 为时钟信号，rst 为复位信号，高电平有效，SEND_DATA[7:0]发送数据 a3，rxx_data[7:0]接收到数据 a3，接收的数据和发送的数据一致。

任务 8.2　I²C 接口设计实现

1. 认识 I²C 接口

（1）I²C 接口电路

集成电路总线（Inter-Integrated Circuit，I²C）是由飞利浦半导体公司在 20 世纪 80 年代初设计出来的一种简单、双向、二线制、同步串行总线。I²C 接口电路如图 8-2 所示，图中 FPGA 芯片通过 I²C 总线连接 E²PROM 24LC04，E²PROM 24LC04 的 A0~A2 都接地，24LC04 的设备地址为 0xA0，I²C 的 SCL、SDA 两根总线各接一个 4.7kΩ 上拉电阻，所以当总线上没有输出时会被拉高。

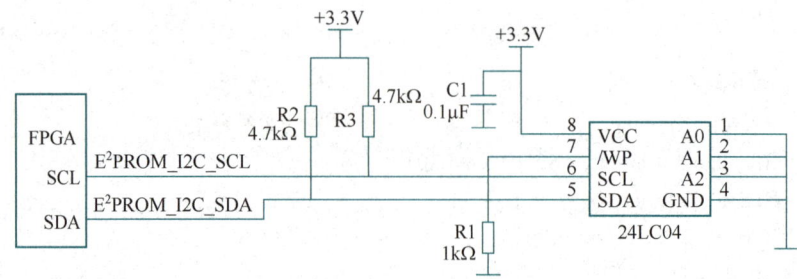

图 8-2　I²C 接口电路

24LC04 芯片引脚定义如下。

1）A0、A1、A2 为 24LC04 的片选信号，由于 I²C 总线可以挂载多个 I²C 接口器件，所以每个器件都应该有自己的"身份标识"，对 A0、A1、A2 输入不同的高低电平，可以设置该 E²PROM 的片选信号。

2）/WP 为读写使能信号，当/WP 悬空或者接地，E²PROM 可读可写，当/WP 接 3.3V 电源，E²PROM 只能读不能写。

3）SCL 为 I²C 接口的时钟线。

4）SDA 为 I²C 接口的数据线。

由原理图可以知道，I²C 协议有两条线，一条时钟线 SCL，一条双向的数据线 SDA。

（2）I²C 的总线协议和时序

I²C 标准速率为 100kbit/s，快速速率为 400kbit/s，支持多机通信，支持多主控模块，但同一时刻只允许有一个主控。由数据线 SDA 和时钟线 SCL 构成串行总线。以 24LC04 为例介绍 I²C 读写的基本操作和时序，I²C 设备的操作可分为写单个字节、写多个字节、读单个字节和读多个字节。

1）写单个字节时序。

写单个字节时序如图 8-3 所示。

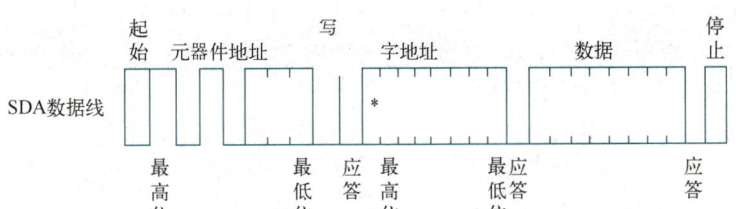

图 8-3 写单个字节时序

如果要向 E^2PROM 写入一个字节,那么必须经过以下步骤。
① 发送起始信号。
② 发送元器件地址 8'b1010_0000。
③ 接收并检测 E^2PROM 发来的应答信号。
④ 发送字地址。
⑤ 接收并检测 E^2PROM 发来的应答信号。
⑥ 发送 8bit 有效数据。
⑦ 接收并检测 E^2PROM 发来的应答信号。
⑧ 发送停止信号。

2)写多个字节时序。

写多个字节时序如图 8-4 所示。

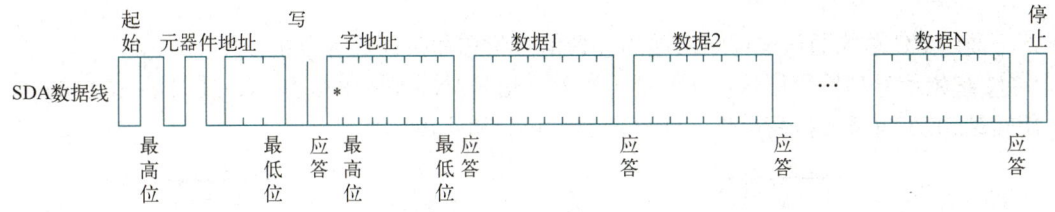

图 8-4 写多个字节时序

如果要向 E^2PROM 写入多个字节,前 5 个步骤和向 E^2PROM 写入单个字节相同,接下来从步骤⑥开始。
① 发送 8bit 有效数据 1。
② 接收并检测 E^2PROM 发来的应答信号。
③ 发送 8bit 有效数据 2。
④ 接收并检测 E^2PROM 发来的应答信号。
⑤ 发送 8bit 有效数据 n。
⑥ 接收并检测 E^2PROM 发来的应答信号。
⑦ 发送停止信号。

3)读单个字节时序。

读单个字节时序如图 8-5 所示。

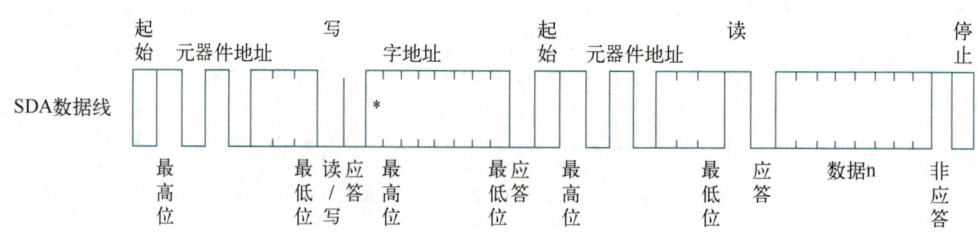

图 8-5　读单个字节时序

如果要从 E²PROM 读出 1 字节，必须经过以下步骤。
① 发送起始信号。
② 发送元器件地址 8'b1010_0000。
③ 接收并检测 E²PROM 发来的应答信号。
④ 发送字地址。
⑤ 接收并检测 E²PROM 发来的应答信号。
⑥ 发送元器件地址 8'b1010_0001。
⑦ 接收并检测 E²PROM 发来的应答信号。
⑧ 读取 1 字节数据。
⑨ 发送非应答信号。
⑩ 发送停止信号。

4）信号状态和时序分析。

下面对 I²C 总线通信过程中出现的几种信号状态和时序进行分析。

① 起始信号和停止信号：起始信号和停止信号时序如图 8-6 所示，在时钟 SCL 的高电平期间对 SDA 拉低或拉高操作，就分别表示起始和停止。

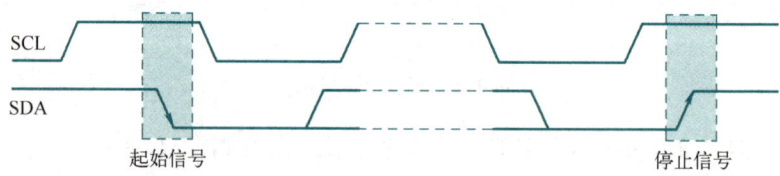

图 8-6　起始信号和停止信号时序

② 元器件地址：元器件地址共有 8 位，高 4 位为 1010。低 4 位中，第 3~1 位为 A2、A1、A0，这 3 位与实际电路中的硬件有关，如 24LC02 芯片中的 A2、A1、A0 这 3 个引脚接地，所以第 3~1 位为"000"。第 0 位是读/写信号 R/W，为 1 表示读操作，为 0 表示写操作。所以写地址为 8'b1010_0000；读地址为 8'b1010_0001。

③ 字地址：24LC02 内部存储空间为 256×8bit，所以地址位有 8 位。

④ 应答信号：I²C 总线上的所有数据都是以字节为单位传输的，每发送 1 字节，发送方会在第 9 个时钟周期释放 SDA 线，由接收器反馈一个应答信号。应答信号为低电平时，表示接收器已经成功地接收了该字节。

⑤ 非应答信号：应答信号为高电平时，规定为非应答位（NACK）。非应答信号是在读完数据后由主机（FPGA）发出的。当 SCL 为高电平期间，如果 SDA 为高电平，说明有非

应答信号。

⑥ 字节发送：字节发送时序如图 8-7 所示。I^2C 协议必须要主机（FPGA）取得数据线 SDA 的控制权后，在时钟 SCL 低电平期间一字节一字节地传输。SCL 高电平期间，SDA 上的电平必须保持稳定，低电平为数据 0，高电平为数据 1，且先传输最高位（MSB），每字节后面都要有一个应答信号（应答信号是由从机发送的，所以需要先释放数据线 SDA 的控制权），只有在 SCL 为低电平期间，才允许 SDA 上的数据电平发生改变。

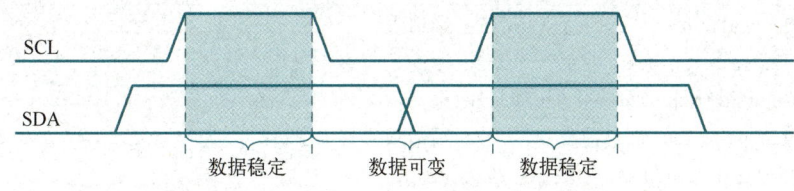

图 8-7　字节发送时序

⑦ 字节读取：读取数据的时候主机（FPGA）先要释放数据线 SDA 的控制权，读的时候在时钟 SCL 高电平期间（信号稳定）采样读取，读完后再取得数据线 SDA 的控制权，然后拉高 SDA，即发送非应答信号。

2. I^2C 接口设计实现

I^2C 和 E^2PROM 接口源程序设计程序中，输出接四个 LED 发光二极管，发光二极管的亮灭代表一串随机数字，按下按键 KEY1，显示数字加 1，且数字写入 E^2PROM。

```verilog
module i2c
(
input            clk50M,           //clk50M 为时钟信号，输入
input            rst_n,            //rst_n 为复位信号，输入
input            key1_anjian,      //key1_anjian 为按键信号，输入
inout            i2c_sda,          //i2c_sda 为数据信号，双向
inout            i2c_scl,          //i2c_scl 为时钟信号，双向
output [3:0]     led               //led[3:0]为发光二极管信号输出
);
/*定义 EEPROM 状态机四种状态：停机、读、等待和写*/
localparam SS_IDLE    = 0;
localparam SS_READ    = 1;
localparam SS_WAIT    = 2;
localparam SS_WRITE   = 3;
reg[3:0] state;

wire button_negedge;
reg[7:0] read_data;              //读 EEPROM 数据
reg[31:0] timer;
wire scl_pad_i;
wire scl_pad_o;
```

```
    wire scl_padoen_o;
    wire sda_pad_i;
    wire sda_pad_o;
    wire sda_padoen_o;
    reg[ 7:0] i2c_slave_dev_addr;       //i2c 器件地址
    reg[15:0] i2c_slave_reg_addr;       //i2c 寄存器地址
    reg[ 7:0] i2c_write_data;           //i2c 写数据
    reg i2c_read_req;                   //i2c 读请求
    wire i2c_read_req_ack;              //i2c 读请求应答
    reg i2c_write_req;                  //i2c 写请求
    wire i2c_write_req_ack;             //i2c 写请求应答
    wire[7:0] i2c_read_data;            //i2c 读数据
    assign led = ~read_data[3:0];
    /***当按键按下满足要求，只生成一个脉冲；调用按键 key_xiaodou 例化程序***/
    key_xiaodou   u3
    (
    .clk            (clk50M),
    .rst            (~rst_n),
    .button_in      (key1_anjian),
    .button_posedge (),
    .button_negedge (button_negedge),
    .button_out     ()
    );
    /*此模块是状态机，完成读和写 EEPROM*/
    always@(posedge clk50M or negedge rst_n)
    begin
    /***若复位信号为"0"，则处于 IDLE 停机状态，初始化写请求、读数据、写数据、寄存器地址、器件地址；
        若复位信号不为"0"，则执行 IDLE 停机、READ 读、WAIT 等待、WRITE 写状态相应的操作***/
        if(rst_n == 1'b0)
        begin
            state <= SS_IDLE;
            i2c_write_req <= 1'b0;
            read_data <= 8'h00;
            timer <= 32'd0;
            i2c_write_data <= 8'd0;
            i2c_slave_reg_addr <= 16'd0;
            i2c_slave_dev_addr <= 8'ha0;   //元器件地址 8'h1010 0000
            i2c_read_req <= 1'b0;
        end
        else
            case(state)
```

```verilog
SS_IDLE:
begin
    if(timer >= 32'd12_499_999)         //250ms
        state <= SS_READ;
    else
        timer <= timer + 32'd1;
end
SS_READ:
begin
    if(i2c_read_req_ack)                //i2c 读请求应答
    begin
        i2c_read_req <= 1'b0;
        read_data <= i2c_read_data;
        state <= SS_WAIT;
    end
    else
    begin
        i2c_read_req <= 1'b1;           //产生读请求
        i2c_slave_dev_addr <= 8'ha0;
        i2c_slave_reg_addr <= 16'd0;
    end
end
SS_WAIT:
begin
    if(button_negedge)
    begin
        state <= SS_WRITE;
        read_data <= read_data + 8'd1;
    end
end
S_WRITE:
begin
    if(i2c_write_req_ack)               //i2c 写请求应答
    begin
        i2c_write_req <= 1'b0;
        state <= SS_READ;
    end
    else
    begin
        i2c_write_req <= 1'b1;          //产生写请求
        i2c_write_data <= read_data;
    end
```

```verilog
                end

            default:
                state <= SS_IDLE;
        endcase
end
/*i2c_sda、 i2c_scl 定义成双向，需要加？：条件判断语句*/
assign sda_pad_i = i2c_sda;
assign i2c_sda = ~sda_padoen_o ? sda_pad_o : 1'bz;
assign scl_pad_i = i2c_scl;
assign i2c_scl = ~scl_padoen_o ? scl_pad_o : 1'bz;
/***操作 I2C 总线，写或读 I2C 器件数据；调用 i2c_master_top 例化程序***/
i2c_master_top  u1
(
.rst(~rst_n),
.clk(clk50M),
.clk_div_cnt(16'd99),              //标准模式：100kHz

/* I2C 信号分两种：时钟线和数据线*/
/* i2c 时钟线*/
.scl_pad_i(scl_pad_i),             //SCL 时钟线输入
.scl_pad_o(scl_pad_o),             //SCL 时钟线输出（总为"0"）
.scl_padoen_o(scl_padoen_o),       //SCL 时钟线输出使能（低电平有效）
/* i2c 数据线*/
.sda_pad_i(sda_pad_i),             //SDA 数据线输入
.sda_pad_o(sda_pad_o),             //SDA 数据线输出（总为"0"）
.sda_padoen_o(sda_padoen_o),       //SDA 数据线输出使能（低电平有效）

.i2c_addr_2byte(1'b0),             //addr_2byte（总为"0"）
.i2c_read_req(i2c_read_req),
.i2c_read_req_ack(i2c_read_req_ack),
.i2c_write_req(i2c_write_req),
.i2c_write_req_ack(i2c_write_req_ack),
.i2c_slave_dev_addr(i2c_slave_dev_addr),
.i2c_slave_reg_addr(i2c_slave_reg_addr),
.i2c_write_data(i2c_write_data),
.i2c_read_data(i2c_read_data),
.error()
);
endmodule
`timescale 1ns / 100ps
module  key_xiaodou
```

```verilog
(
    input           clk,                //clk 为时钟信号，输入
    input           rst,                //rst 为复位信号，输入
    input           button_in,          //button_in 为按键信号，输入
    output reg      button_posedge,     //button_posedge 为按键上升沿信号，输出
    output reg      button_negedge,     //button_negedge 为按键下降沿信号，输出
    output reg      button_out          //button_out 为按键信号，输出
);
/*定义常量 N、FREQ、MAX_TIME、TIMER_MAX_VAL*/
parameter N = 32 ;                      //消抖时间位宽
parameter FREQ = 50;                    //模型时钟频率 50MHz
parameter MAX_TIME = 20;                //按键抖动最长时间 20ms
localparam TIMER_MAX_VAL = MAX_TIME * 1000 * FREQ;
/*定义若干变量*/
reg   [N-1 : 0]   q_reg;                //定时器
reg   [N-1 : 0]   q_next;
reg DFF1, DFF2;                         //定义两触发器
wire q_add;                             //控制标志位
wire q_reset;
reg button_out_d0;
/*确定 q_reset 和 q_add*/
assign q_reset = (DFF1  ^ DFF2);        //两输入触发器异或作为复位信号
assign q_add =  ~(q_reg == TIMER_MAX_VAL); //q_reg 达最大值时，q_add 等于"0"
//combo counter to manage q_next
/*确定 q_next */
always @ ( q_reset, q_add, q_reg)
begin
    case( {q_reset , q_add})
        2'b00 :
                q_next <= q_reg;
        2'b01 :
                q_next <= q_reg + 1;
        default :
                q_next <= { N {1'b0} };//拼接
    endcase
end
/*确定 q_reg */
always @ ( posedge clk or posedge rst)
begin
    if(rst == 1'b1)
    begin
        DFF1 <= 1'b0;
```

```verilog
            DFF2 <= 1'b0;
            q_reg <= { N {1'b0} };
        end
        else
        begin
            DFF1 <= button_in;
            DFF2 <= DFF1;
            q_reg <= q_next;
        end
end

//counter control
/***确定按键输出信号 button_out***/
always @ ( posedge clk or posedge rst)
begin
if(rst == 1'b1)
    button_out <= 1'b1;
    else if(q_reg == TIMER_MAX_VAL)
        button_out <= DFF2;
    else
        button_out <= button_out;
end
/***确定按键上升沿输出信号 button_posedge 和下降沿输出信号 button_negedge***/
always @ ( posedge clk or posedge rst)
begin
if(rst == 1'b1)
begin
    button_out_d0 <= 1'b1;
    button_posedge <= 1'b0;
    button_negedge <= 1'b0;
end
else
begin
    button_out_d0 <= button_out;
    button_posedge <=  ~button_out_d0 & button_out;
    button_negedge <= button_out_d0 &  ~button_out;
end
end
endmodule

/***i2c_master_top 顶层主程序信号定义***/
module i2c_master_top
```

```verilog
(
    input           rst,
    input           clk,
    input[15:0]     clk_div_cnt,            //时钟分频计数输入信号

    //i2c 时钟线
    input           scl_pad_i,              //时钟输入信号
    output          scl_pad_o,              //时钟输出信号(总为"0")
    output          scl_padoen_o,           //时钟输出使能信号(低电平有效)

    //i2c 数据线
    input           sda_pad_i,              //数据输入信号
    output          sda_pad_o,              //数据输出信号(总为"0")
    output          sda_padoen_o,           //数据输出使能信号(低电平有效)

    input           i2c_addr_2byte,
    input           i2c_read_req,
    output          i2c_read_req_ack,
    input           i2c_write_req,
    output          i2c_write_req_ack,
    input[7:0]      i2c_slave_dev_addr,     //元器件地址
    input[15:0]     i2c_slave_reg_addr,     //字地址
    input[7:0]      i2c_write_data,
    output reg[7:0] i2c_read_data,
    output reg      error
);
/***定义若干常量***/
localparam SS_IDLE              = 0;
localparam SS_WR_DEV_ADDR       = 1;
localparam SS_WR_REG_ADDR       = 2;
localparam SS_WR_DATA           = 3;
localparam SS_WR_ACK            = 4;
localparam SS_WR_ERR_NACK       = 5;
localparam SS_RD_DEV_ADDR0      = 6;
localparam SS_RD_REG_ADDR       = 7;
localparam SS_RD_DEV_ADDR1      = 8;
localparam SS_RD_DATA           = 9;
localparam SS_RD_STOP           = 10;
localparam SS_WR_STOP           = 11;
localparam SS_WAIT              = 12;
localparam SS_WR_REG_ADDR1      = 13;
localparam SS_RD_REG_ADDR1      = 14;
```

```verilog
localparam SS_RD_ACK            = 15;
reg start;
reg stop;
reg read;
reg write;
reg ack_in;
reg[7:0] txr;
wire[7:0] rxr;
wire i2c_busy;              //信号启动后是高电平，停止后是低电平
wire i2c_al;                //仲裁败诉（检测到停止信号，但没有请求信号，主机设置 SDA 数据
                            //为高电平，实际 SDA 数据为低电平）
wire done;
wire irxack;                //从机接收响应，为"0"表示接收，为"1"表示拒绝
reg[3:0] state,next_state;
assign i2c_read_req_ack = (state == SS_RD_ACK);
assign i2c_write_req_ack = (state == SS_WR_ACK);
//确定状态 state
always@(posedge clk or posedge rst)
begin
if(rst==1)
    state <= SS_IDLE;
else
    state <= next_state;
end
//确定下一个状态 next_state
always@(*)
begin
case(state)
    SS_IDLE:
        if(i2c_write_req)
            next_state <= SS_WR_DEV_ADDR;
        else if(i2c_read_req)
            next_state <= SS_RD_DEV_ADDR0;
        else
            next_state <= SS_IDLE;
    SS_WR_DEV_ADDR:
        if(done && irxack)
            next_state <= SS_WR_ERR_NACK;
        else if(done)
            next_state <= SS_WR_REG_ADDR;
        else
            next_state <= SS_WR_DEV_ADDR;
```

```
SS_WR_REG_ADDR:
    if(done)
        next_state <= i2c_addr_2byte?SS_WR_REG_ADDR1:SS_WR_DATA;
    else
        next_state <= SS_WR_REG_ADDR;
SS_WR_REG_ADDR1:
    if(done)
        next_state <= SS_WR_DATA;
    else
        next_state <= SS_WR_REG_ADDR1;
SS_WR_DATA:
    if(done)
        next_state <= SS_WR_STOP;
    else
        next_state <= SS_WR_DATA;
SS_WR_ERR_NACK:
    next_state <= SS_WR_STOP;
SS_RD_ACK,SS_WR_ACK:
    next_state <= SS_WAIT;
    //next_state <=SS_RD_DEV_ADDR0;
SS_WAIT:
    next_state <= SS_IDLE;
SS_RD_DEV_ADDR0:
    if(done && irxack)
        next_state <= SS_WR_ERR_NACK;
    else if(done)
        next_state <= SS_RD_REG_ADDR;
    else
        next_state <= SS_RD_DEV_ADDR0;
SS_RD_REG_ADDR:
    if(done)
        next_state <= i2c_addr_2byte ? SS_RD_REG_ADDR1 : SS_RD_DEV_ADDR1;
    else
        next_state <= SS_RD_REG_ADDR;
SS_RD_REG_ADDR1:
    if(done)
        next_state <= SS_RD_DEV_ADDR1;
    else
        next_state <= SS_RD_REG_ADDR1;
SS_RD_DEV_ADDR1:
    if(done)
        next_state <= SS_RD_DATA;
```

```verilog
            else
                next_state <= SS_RD_DEV_ADDR1;
        SS_RD_DATA:
            if(done)
                next_state <= SS_RD_STOP;
            else
                next_state <= SS_RD_DATA;
        SS_RD_STOP:
            if(done)
                next_state <= SS_RD_ACK;
            else
                next_state <= SS_RD_STOP;
        SS_WR_STOP:
            if(done)
                next_state <= SS_WR_ACK;
            else
                next_state <= SS_WR_STOP;
        default:
            next_state <= SS_IDLE;
    endcase
end
//确定 error 出错信号
always@(posedge clk or posedge rst)
begin
if(rst==1)
    error <= 1'b0;
else if(state == SS_IDLE)
    error <= 1'b0;
else if(state == SS_WR_ERR_NACK)
    error <= 1'b1;
end
//确定 start 启动信号
always@(posedge clk or posedge rst)
begin
if(rst==1)
    start <= 1'b0;
else if(done)
    start <= 1'b0;
else if(state == SS_WR_DEV_ADDR || state == SS_RD_DEV_ADDR0 || state == SS_RD_DEV_ADDR1)
    start <= 1'b1;
end
//确定 stop 停止信号
```

```verilog
always@(posedge clk or posedge rst)
begin
if(rst==1)
    stop <= 1'b0;
else if(done)
    stop <= 1'b0;
else if(state == SS_WR_STOP || state == SS_RD_STOP)
    stop <= 1'b1;
end
//确定 ack_in 应答输入信号
always@(posedge clk or posedge rst)
begin
if(rst==1)
    ack_in <= 1'b0;
else
    ack_in <= 1'b1;
end
//确定 write 写信号
always@(posedge clk or posedge rst)
begin
if(rst==1)
    write <= 1'b0;
else if(done)
    write <= 1'b0;
else if(state == SS_WR_DEV_ADDR || state == SS_WR_REG_ADDR || state == SS_WR_REG_ADDR1|| state == SS_WR_DATA || state == SS_RD_DEV_ADDR0 || state == SS_RD_DEV_ADDR1 || state == SS_RD_REG_ADDR || state == SS_RD_REG_ADDR1)
    write <= 1'b1;
end
//确定 read 读信号
always@(posedge clk or posedge rst)
begin
if(rst==1)
    read <= 1'b0;
else if(done)
    read <= 1'b0;
else if(state == SS_RD_DATA)
    read <= 1'b1;
end
//确定 i2c_read_data 读数据信号
always@(posedge clk or posedge rst)
begin
```

```
if(rst==1)
    i2c_read_data <= 8'h00;
else if(state == SS_RD_DATA && done)
    i2c_read_data <= rxr;
end
//确定 txr 信号是元器件地址还是字地址
always@(posedge clk or posedge rst)
begin
if(rst==1)
    txr <= 8'd0;
else
    case(state)
        SS_WR_DEV_ADDR,SS_RD_DEV_ADDR0:
            txr <= {i2c_slave_dev_addr[7:1],1'b0};
        SS_RD_DEV_ADDR1:
            txr <= {i2c_slave_dev_addr[7:1],1'b1};
        SS_WR_REG_ADDR,SS_RD_REG_ADDR:
            txr <= i2c_slave_reg_addr[7:0];
        SS_WR_REG_ADDR1,SS_RD_REG_ADDR1:
            txr <= i2c_slave_reg_addr[15:8];
        SS_WR_DATA:
            txr <= i2c_write_data;
        default:
            txr <= 8'hff;                            //无效
    endcase
end
/***调用 i2c_master_byte_ctrl 主字节控制例化程序；
i2c_master_byte_ctrl 模块代码参见开源软件 opencores 上的 I2C master 控制器程序***/
i2c_master_byte_ctrl   byte_controller (
    .clk       ( clk          ),
    .rst       ( rst          ),
    .nReset    ( 1'b1         ),
    .ena       ( 1'b1         ),
    .clk_cnt   ( clk_div_cnt  ),
    .start     ( start        ),
    .stop      ( stop         ),
    .read      ( read         ),
    .write     ( write        ),
    .ack_in    ( ack_in       ),
    .din       ( txr          ),
    .cmd_ack   ( done         ),
    .ack_out   ( irxack       ),
```

```
        .dout         ( rxr            ),
        .i2c_busy     ( i2c_busy       ),
        .i2c_al       ( i2c_al         ),
        .scl_i        ( scl_pad_i      ),
        .scl_o        ( scl_pad_o      ),
        .scl_oen      ( scl_padoen_o   ),
        .sda_i        ( sda_pad_i      ),
        .sda_o        ( sda_pad_o      ),
        .sda_oen      ( sda_padoen_o   )
    );
    Endmodule
```

【项目实施】 串行通信接口设计实现

项目 8
【项目实施】
串行通信接口
设计实现

I^2C-UART 数据桥接系统是一种在 I^2C 与 UART 两种通信协议间进行数据转换的接口系统,该系统将 I^2C 的同步串行数据与 UART 的异步串行数据进行实时转换。广泛用于工业控制、嵌入式设备及物联网节点中。本节将以简易的 I^2C-UART 数据桥接系统为例来介绍串行通信接口的设计。

1. 顶层文件源程序代码

```verilog
module i2c_uart_bridge(
    input    clk,               // 系统时钟（如 50MHz）
    input    rst_n,             // 复位（低有效）
    // I2C 接口
    output   i2c_scl,           // I2C 时钟线
    inout    i2c_sda,           // I2C 数据线
    // UART 接口
    output   uart_tx            // UART 发送线
);
    wire i2c_done;
//例化 i2c_master
i2c_master u_i2c (
    .clk(clk),
    .rst_n(rst_n),
    .i2c_scl(i2c_scl),
    .i2c_sda(i2c_sda),
    .start(1'b1),               // 持续触发采集
    .done(i2c_done),            // 可连接到 UART 模块
    .dev_addr(8'h76),           // BMP280 地址
    .data_high(i2c_data_high),  // 连接到 UART 发送数据
```

```verilog
        .data_low(i2c_data_low)
    );
    // UART 发送模块实例化（需另实现）
    uart_tx u_uart (
        .clk(clk),
        .rst_n(rst_n),
        .i2c_data_high(i2c_data_high),
        .i2c_data_low(i2c_data_low),
        .i2c_done(i2c_done),
        .uart_tx(uart_tx)
    );
endmodule
```

2. i2c_master 主程序代码

```verilog
module i2c_master (
    // 系统信号
    input   clk,                    // 系统时钟（如 50MHz）
    input   rst_n,                  // 异步复位（低电平有效）
    // I2C 物理接口
    output  reg  i2c_scl,           // I2C 时钟线（需外部上拉）
    inout   i2c_sda,                // I2C 数据线（需外部上拉，三态控制）
    // 用户控制接口
    input   start,                  // 启动 I2C 传输（高脉冲触发）
    output reg  done,               // 传输完成标志（高电平有效）
    // 数据接口
    input   [7:0] dev_addr,         // 设备地址（7 位地址 +1 位读写方向）
    output reg [7:0] data_high,     // 读取的高字节数据
    output reg [7:0] data_low       // 读取的低字节数据
);
    reg [7:0] i2c_addr;             // 地址移位寄存器
    reg [3:0] bit_count;            // 数据位计数器
    reg   i2c_sda_out;              // SDA 输出控制
    reg   i2c_sda_oe;               // SDA 输出使能（0=高阻，1=驱动）
    // 三态控制（关键！）
    assign i2c_sda = i2c_sda_oe ? i2c_sda_out : 1'bz;
    //------------------------
    // 状态定义（源代码已有）
    //------------------------
    localparam I2C_IDLE   = 3'd0;
    localparam I2C_START  = 3'd1;
    localparam I2C_ADDR   = 3'd2;
    localparam I2C_READ   = 3'd3;
```

```verilog
localparam I2C_STOP   = 3'd4;
reg [2:0] i2c_state;
reg [7:0] i2c_addr = 8'h76;              // 传感器地址（BMP280 默认 0x76）
reg [7:0] i2c_data_high, i2c_data_low;   // 读取的 2 字节数据
reg       i2c_done = 0;                   // 数据采集完成标志
// I2C 时钟分频（100kHz）
reg [8:0] i2c_clk_div = 0;
reg       i2c_clk_en = 0;
reg i2c_sda_reg;
always @(posedge clk) begin
    i2c_clk_div <= i2c_clk_div + 1;
    i2c_clk_en  <= (i2c_clk_div == 250); // 50MHz / 250 = 200kHz（半周期）
end
assign i2c_sda = (i2c_state == I2C_ADDR || i2c_state == I2C_READ) ? i2c_sda_reg : 1'bz;
// I2C 主状态机
always @(posedge clk or negedge rst_n) begin
    if (!rst_n) begin
        i2c_state <= I2C_IDLE;
        i2c_sda_reg <= 1'b1;
        i2c_scl <= 1'b1;
    end else if (i2c_clk_en) begin
        case (i2c_state)
            I2C_IDLE: begin
                i2c_sda_reg <= 1'b1;
                i2c_scl <= 1'b1;
                if (!i2c_done) begin
                    i2c_state <= I2C_START;
                end
            end
            I2C_START: begin
                i2c_sda_reg <= 1'b0;        // START 条件
                i2c_state <= I2C_ADDR;
            end
            I2C_ADDR: begin
                // 发送地址 + 读位（1）
                i2c_sda_reg <= i2c_addr[7];
                i2c_addr <= {i2c_addr[6:0], 1'b0};
                if (i2c_addr == 0) begin
                    i2c_state <= I2C_READ;
                end
            end
            I2C_READ: begin
```

```verilog
                    // 读取 2 字节数据（简化版，实际需处理 ACK）
                    i2c_data_high <= {i2c_data_high[6:0], i2c_sda};
                    i2c_data_low  <= {i2c_data_low[6:0], i2c_sda};
                    if (bit_count == 15) begin
                        i2c_state <= I2C_STOP;
                    end
                end
                I2C_STOP: begin
                    i2c_sda_reg <= 1'b1;    // STOP 条件
                    i2c_done <= 1'b1;
                    i2c_state <= I2C_IDLE;
                end
            endcase
        end
end
endmodule
```

3. uart_tx 发送程序代码

```verilog
module uart_tx(
    input wire clk,                       // 50MHz 时钟
    input wire rst_n,                     // 低电平复位
    input wire [7:0] i2c_data_high,       // I2C 高字节数据
    input wire [7:0] i2c_data_low,        // I2C 低字节数据
    input i2c_done,
    // Outputs
    output reg uart_tx                    // UART 发送数据线
);
// 内部寄存器声明
reg [15:0] uart_baud_cnt;
reg uart_baud_en;
reg [2:0] uart_state;
reg [7:0] uart_tx_data;
reg [3:0] uart_bit_count;
//reg i2c_done;// I2C 传输完成标志
// UART 波特率生成（115200bit/s @ 50MHz）
reg [15:0] uart_baud_cnt = 0;
reg        uart_baud_en = 0;
always @(posedge clk) begin
    uart_baud_cnt <= (uart_baud_cnt == 434) ? 0 : uart_baud_cnt + 1; // 50MHz / 115200 ≈ 434
    uart_baud_en <= (uart_baud_cnt == 0);
end
// UART 发送状态机
```

```verilog
reg [2:0] uart_state;
reg [7:0] uart_tx_data;
reg [3:0] uart_bit_count;
always @(posedge clk or negedge rst_n) begin
    if (!rst_n) begin
        uart_state <= 0;
        uart_tx <= 1'b1;
    end else if (uart_baud_en) begin
        case (uart_state)
            0: begin   // 空闲
                if (i2c_done) begin
                    uart_tx_data <= 8'hAA;           // 帧头
                    uart_state <= 1;
                end
            end
            1: begin   // 发送帧头
                uart_tx <= (uart_bit_count == 0) ? 1'b0 : uart_tx_data[uart_bit_count-1];
                uart_bit_count <= uart_bit_count + 1;
                if (uart_bit_count == 9) begin
                    uart_tx_data <= i2c_data_high;  // 发送高字节
                    uart_state <= 2;
                end
            end
            2: begin   // 发送高字节
                uart_tx <= (uart_bit_count == 0) ? 1'b0 : uart_tx_data[uart_bit_count-1];
                uart_bit_count <= uart_bit_count + 1;
                if (uart_bit_count == 9) begin
                    uart_tx_data <= i2c_data_low;   // 发送低字节
                    uart_state <= 3;
                end
            end
            3: begin   // 发送低字节
                uart_tx <= (uart_bit_count == 0) ? 1'b0 : uart_tx_data[uart_bit_count-1];
                uart_bit_count <= uart_bit_count + 1;
                if (uart_bit_count == 9)
                    begin
                        uart_state <= 0;
                    end
            end
        endcase
    end
end
endmodule
```

【项目评价】

项目名称： 项目承接人姓名： 日期：
串行通信接口设计实现

项目要求	得分标准	得分情况
项目分析（10 分） 项目分析合理，项目准备单填写准确	项目准备单填写合理性评价（每合理 1 条得 1 分，满分 10 分）	
关键要求一（15 分） 能用自己的语言描述串行通信原理	1. 对串行通信原理有自己的理解（7 分） 2. 能准确描述串行通信的作用和价值（8 分）	
关键要求二（20 分） 能设计 UART 通信接口的源程序和测试程序	1. UART 通信接口的源程序设计正确（10 分） 2. UART 通信接口的测试程序设计合理，仿真验证波形正确（10 分）	
关键要求三（30 分） 能设计 I2C 接口的源程序和测试程序	1. 分析 I^2C 时序（根据情况酌情扣分，最多扣 8 分） 2. 按键消抖电路的源程序设计正确（20 分）	
项目汇报（10 分） 汇报内容清晰、重点突出、时间把握合理、衣着整洁、仪态自然大方	1. 汇报内容不清晰（每处扣 1 分） 2. 重点不突出（根据情况酌情扣分，最多扣 3 分） 3. 衣着不整洁（根据情况酌情扣分，最多扣 3 分） 4. 仪态不自然大方（根据情况酌情扣分，最多扣 3 分）	
职业道德和职业核心能力（10 分） 了解国家行业发展，能有效分析信息，并对专业文化有认同感	1. 没有体现国家行业发展（扣 3 分） 2. 信息搜集不完善，缺乏有效分析（扣 1~5 分）	
创新创意（5 分）	项目完成过程中，能结合国家对行业发展的要求，应用新技术、新方法、新理论等，创新解决问题（每点附加 1 分，最高附加 5 分）	

习题

一、选择题

1. −12 用 6 位二进制表示为（　　）。
   A. 00_1100　　　　B. 11_1100　　　　C. 11_0100　　　　D. 10_1100
2. reg [7:0]mm[255:0]的含义以下说法正确的是（　　）。
   A. 255 个 8 位的存储器
   B. 8 个 25 位的存储器
   C. 8 个 256 位的存储器
   D. 256 个 8 位的存储器
3. 以下（　　）不是正确的变量类型。
   A. wire　　　　B. parameter　　　　C. memory　　　　D. reg
4. 异步清零 D 触发器设计正确的是（　　）。
   A. always @(negedge clr)　begin　if(clr==1'b0)　q<=1'b0;else　q<=d;　end
   B. always @(posedge clk)　　if(clr==1'b0)　q<=1'b0;else　q<=d;
   C. always @(posedge clk or negedge clr)　begin　if(clr==1'b0)　q<=1'b0;else　q<= d;　end
   D. 以上都不对

5. 12%5 的结果是（　　）。

   A. 3　　　　　　B. 4　　　　　　C. 0　　　　　　D. 2

6. 以下（　　）不是合法的定义。

   A. 9'dz　　　　B. -8'd4　　　　C. 4'b10x0　　　D. 8'd-14

二、简答题

1. 串行通信分哪两类？两者的区别是什么？
2. 下面程序中，d 的最终值是什么？

```
initial
  begin
    b=1'b1;c=1'b0;
    #10 b=1'b0;
  end
initial
  begin
    d=#25 (b|c);
  end
```

项目 9　HDMI 显示设计实现

高清多媒体接口（High Definition Multimedia Interface，HDMI）是一种全数字化视频和声音传输接口，可以传输未压缩的音频及视频信号。HDMI 可用于机顶盒、DVD 播放机、计算机、电视、游戏主机、综合扩大机、数字音响与电视机等设备。HDMI 可以同时传输音频和视频信号，由于音频和视频信号共用一条传输线路，从而显著简化了系统线路的布线。

知识目标	技能目标	素养目标
◆ 掌握 HDMI 的通信协议 ◆ 熟悉 HDMI 接口信号 ◆ 熟悉颜色条源程序接口 ◆ 熟悉时序控制模块接口 ◆ 熟悉图像数据生成模块接口 ◆ 掌握 HDMI 实例化设计思路	◆ 能编写颜色条源程序 ◆ 能编写时序控制模块源程序 ◆ 能编写图像数据生成模块源程序 ◆ 能编写 HDMI 驱动控制模块源程序 ◆ 能编写并转串模块源程序	◆ 具备 HDMI 的时序规范意识 ◆ 具备 HDMI 兼容性设计规范意识 ◆ 具备代码优化意识

【思维导图】

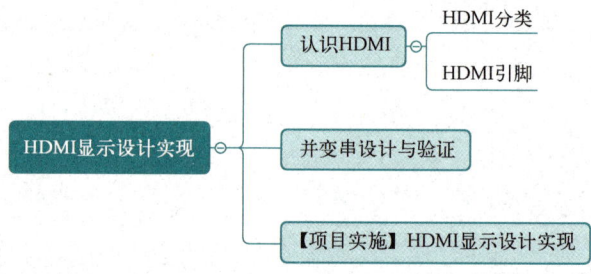

任务 9.1　认识 HDMI

9.1.1　HDMI 分类

HDMI 分四种类型，如图 9-1 所示。

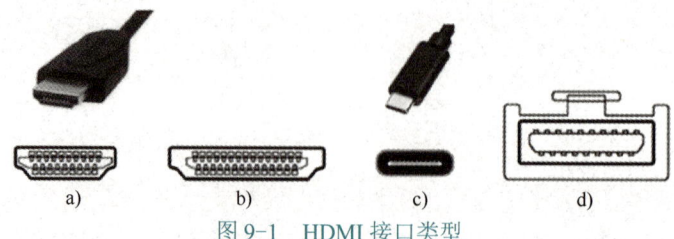

图 9-1　HDMI 接口类型

a) Type-A　b) Type-B　c) Type-C　d) Type-E

（1）标准 HDMI（Type-A）

Type-A 接口是最常见的 HDMI 类型，拥有 19 个引脚。它支持所有 HDMI 的标准功能，包括音频、视频和消费电子控制（CEC）信号的传输。Type-A 接口通常用于电视、游戏机、计算机、DVD 播放器等设备。

（2）双链路 HDMI（Type-B）

Type-B 接口设计时考虑到了高分辨率需求，拥有 29 个引脚，提供了双链路功能，但在市场上很少见，几乎没有被广泛采用。

（3）Type-C

Type-C 是一种通用的 USB 接口标准，以其小巧、可逆插拔和高性能著称，应用于手机、平板、笔记本电脑、显示器和投影仪等设备。Type-C 有 4 对 TX/RX 分线、2 对 USBD+/D-、1 对 SBU、2 个 CC，另外还有 4 个 VBUS 和 4 个地线，共 24 个引脚。

（4）Type-E

Type-E 主要用于主板上或汽车上，可以用于连接外部设备，如鼠标、键盘、打印机等。

9.1.2 HDMI 引脚

HDMI 引脚如图 9-2 所示，共有 19 个引脚，但在显示图像时，只需要用到 10 个引脚，分别介绍如下。

- 7、9：数据 0+、数据 0-（差分信号，抗干扰）。
- 4、6：数据 1+、数据 1-。
- 1、3：数据 2+、数据 2-。
- 10、12：时钟+、时钟-。
- 15、16：串行时钟 SCL、串行数据 SDA。发送端与接收端通过 I^2C 协议，得知彼此的发送与接收能力。

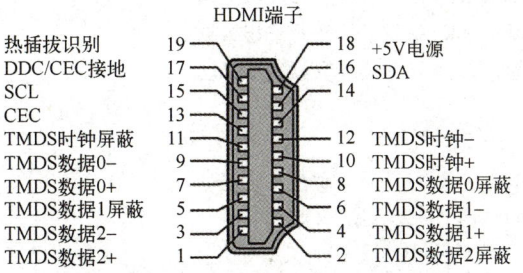

图 9-2　HDMI Type-A 引脚

用 FPGA 驱动 HDMI 显示，则 FPGA 应该向 HDMI 的 10 个接口进行赋值，分别是数据 0+（HDMI_R_P 红色正信号）、数据 0-（HDMI_R_N 红色负信号）、数据 1+（HDMI_G_P 绿色正信号）、数据 1-（HDMI_G_N 绿色负信号）、数据 2+（HDMI_B_P 蓝色正信号）、数据 2-（HDMI_B_N 蓝色负信号）、时钟+（HDMI_CLK_P 时钟正信号）、时钟-（HDMI_CLK_N 时钟负信号）、SCL、SDA 这十个接口全部为 1bit 数据，同时这十个接口也是 FPGA 需要往 HDMI 上面绑定的十个引脚，FPGA 和 HDMI 接口框图如图 9-3 所示。

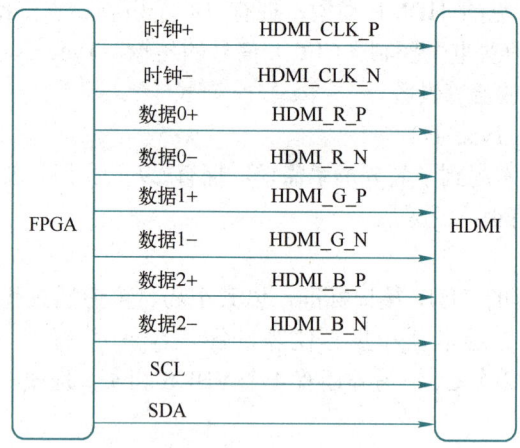

图 9-3　FPGA 和 HDMI 接口框图

任务 9.2　并变串设计与验证

并变串转换器的设计原理是通过移位寄存器将并行输入的 n 位数据在时钟控制下逐位输出为串行数据。其核心模块包括 n 位并行加载寄存器和移位控制逻辑，这些是实现串行到并行转换的关键组件。在移位时，最高位作为串行输出，循环 n 次后完成转换。

1. 源程序代码

```verilog
module ptos (
    input    clk,                // 时钟信号
    input    [7:0] parallel_in,  // 并行输入数据
    output reg serial_out,       // 串行输出数据
    output reg done              // 转换完成标志
);

    reg [7:0] shift_reg;   // 移位寄存器
    reg [2:0] count;       // 计数器
    initial
    begin
        shift_reg <= parallel_in;
        done = 1'b0;
        count=3'd7;
        serial_out=1'b0;
    end
    always @(posedge clk) begin
        if (count == 0) begin
```

```verilog
                // 当计数器为 0 时，加载新的并行数据
                shift_reg <= parallel_in;
                count <= 7;                    // 重置计数器
                serial_out <= parallel_in[7];  // 输出最高位
         done=1;
           end
         else begin
                // 移位输出数据
                shift_reg <= shift_reg << 1;   // 左移一位
                count <= count – 1;            // 计数器减 1
                serial_out <= shift_reg[6];    // 输出下一位

         done=0;
           end
      end


endmodule
```

2. 仿真程序代码

```verilog
module tb_ptos(    );
reg   clk;                    // 时钟信号
reg   [7:0] parallel_in;      // 并行输入数据
wire serial_out;              // 串行输出数据
wire done;
  ptos u1(.clk(clk),.parallel_in(parallel_in),.serial_out(serial_out),.done(done));
initial
  begin
  clk = 0; parallel_in = 8'b0;#5;
  parallel_in = 8'b11101010;#500;
  end
always #5 clk =  ~clk;
endmodule
```

3. 仿真波形

并变串仿真波形如图 9-4 所示。图中 clk 是周期为 10ns 的周期信号，parallel_in[7:0] 为 8 位并行数据 11101010，serial_out 为串行输出，依次输出 11101010，高位在前，执行串行输出时，done 输出高电平信号，并维持 1 个周期，然后清零，直至下一次并串转换完成后拉高。

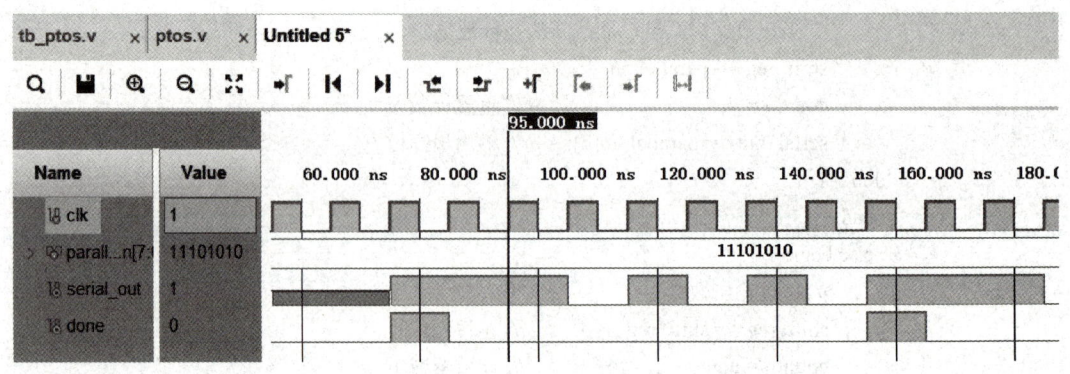

图 9-4 并变串仿真波形

【项目实施】 HDMI 显示设计实现

项目 9
【项目实施】
HDMI 显示设
计实现

1. HDMI 显示彩条图片的顶层模块源程序代码

```verilog
`timescale 1ns / 1ps
module topct_hdmi(
    input       sys_clk,            //sys_clk 为时钟信号，输入
    input       sys_rst_n,          //sys_rst_n 为复位信号，输入
    output      ddc_scl,            //ddc_scl 为时钟信号，输出
    output      ddc_sda,            //ddc_sda 为数据信号，输出
    output      tmds_clk_p,         //tmds_clk_p 为时钟信号，正输出
    output      tmds_clk_n,         //tmds_clk_n 为时钟信号，负输出
    output  [2:0] tmds_data_p,      //tmds_data_p[2:0]为数据信号，正输出
    output  [2:0] tmds_data_n,      //tmds_data_n[2:0]为数据信号，负输出
    );
//定义若干变量
wire    vga_clk;
wire    clk_5x;
wire    locked;
//调用实例化程序 clk_gen
clk_gen u1
( .clk_out1(vga_clk), .clk_out2(clk_5x), .locked(locked), .clk_in1(sys_clk) );
//调用实例化程序 hdmi_colorbar
hdmi_colorbar u2
( .vga_clk (vga_clk), .clk_5x (clk_5x), .rst_n (sys_rst_n), .ddc_scl (ddc_scl), .ddc_sda (ddc_sda),
.tmds_clk_p (tmds_clk_p), .tmds_clk_n (tmds_clk_n), .tmds_data_p (tmds_data_p),
.tmds_data_n (tmds_data_n) );
endmodule
```

2. hdmi_colorbar 颜色条源程序代码

```verilog
`timescale 1ns/1ns
module hdmi_colorbar
(
    input  vga_clk ,
    input  clk_5x,
    input  rst_n ,
    output ddc_scl,
    output ddc_sda,
    output tmds_clk_p ,
    output tmds_clk_n ,
    output [2:0] tmds_data_p ,
    output [2:0] tmds_data_n
);
//定义若干变量
wire       locked;              //PLL locked 信号
wire [11:0] pix_x ;             //VGA 有效显示区域 X 轴坐标
wire [11:0] pix_y;              //VGA 有效显示区域 Y 轴坐标
wire [15:0] pix_data;           //VGA 像素信息
wire       hsync ;              //行同步信号
wire       vsync ;              //场同步信号
wire [15:0] rgb ;               //像素信息
wire       rgb_valid;

assign  ddc_scl = 1'b1;
assign  ddc_sda = 1'b1;
//调用实例化程序 vga_ctrl
vga_ctrl   u3
( .vga_clk (vga_clk), .sys_rst_n (rst_n), .pix_data (pix_data), .pix_x (pix_x), .pix_y (pix_y),
  .hsync (hsync), .vsync (vsync), .rgb_valid (rgb_valid), .rgb (rgb) );
//调用实例化程序 vga_pic
vga_pic    u4
( .vga_clk (vga_clk), .sys_rst_n (rst_n), .pix_x (pix_x ), .pix_y (pix_y ), .pix_data (pix_data));
//调用实例化程序 hdmi_ctrl
hdmi_ctrl  u5
( .clk_1x (vga_clk ), .clk_5x (clk_5x), .sys_rst_n (rst_n), .rgb_blue ({rgb[4:0],3'b0}),
  .rgb_green ({rgb[10:5],2'b0} ), .rgb_red ({rgb[15:11],3'b0} ), .hsync (hsync),
  .vsync (vsync), .de (rgb_valid), .hdmi_clk_p (tmds_clk_p), .hdmi_clk_n (tmds_clk_n ),
  .hdmi_r_p (tmds_data_p[2]), .hdmi_r_n (tmds_data_n[2] ), .hdmi_g_p (tmds_data_p[1]),
  .hdmi_g_n (tmds_data_n[1]), .hdmi_b_p (tmds_data_p[0]), .hdmi_b_n (tmds_data_n[0] ) );
endmodule
```

3. vga_ctrl 时序控制模块源程序代码

```verilog
`timescale 1ns/1ns
module vga_ctrl
(
    input   vga_clk,            //vga_clk 为时钟输入信号，常为 25MHz
    input   sys_rst_n,          //sys_rst_n 为复位输入信号
    input   [15:0] pix_data,    //pix_data[15:0]为像素输入信息
    output  [11:0] pix_x,       //pix_x[11:0] 为 X 轴坐标输出信号
    output  [11:0] pix_y,       //pix_y[11:0] 为 Y 轴坐标输出信号
    output  hsync,              //hsync 为行同步输出信号
    output  vsync,              //vsync 为场同步输出信号
    output  rgb_valid,          //rgb_valid 为像素有效输出信号
    output  [15:0] rgb          //rgb[15:0]为像素信息输出信号
);
//定义若干常量
parameter   H_SYNC   = 10'd96  ,   //行同步
            H_BACK   = 10'd40  ,   //水平回扫时间
            H_LEFT   = 10'd8   ,
            H_VALID  = 10'd640 ,
            H_RIGHT  = 10'd8   ,
            H_FRONT  = 10'd8   ,
            H_TOTAL  = 10'd800 ;
parameter   V_SYNC   = 10'd2   ,
            V_BACK   = 10'd25  ,
            V_TOP    = 10'd8   ,
            V_VALID  = 10'd480 ,
            V_BOTTOM = 10'd8   ,
            V_FRONT  = 10'd2   ,
            V_TOTAL  = 10'd525 ;
//定义若干变量
wire        pix_data_req    ;    //像素色彩信息请求信号
reg  [11:0] cnt_h           ;    //行同步信号计数器
reg  [11:0] cnt_v           ;    //场同步信号计数器
/***确定行同步计数器值***/
always@(posedge vga_clk or negedge sys_rst_n)
    if(sys_rst_n == 1'b0)
        cnt_h <= 12'd0 ;
    else    if(cnt_h == H_TOTAL - 1'd1)
        cnt_h <= 12'd0 ;
    else
        cnt_h <= cnt_h + 1'd1 ;
```

```verilog
//确定同步输出信号
    assign   hsync = (cnt_h  <=  H_SYNC - 1'd1) ? 1'b1 : 1'b0  ;
//确定场同步计数器值
    always@(posedge vga_clk or negedge sys_rst_n)
        if(sys_rst_n == 1'b0)
            cnt_v    <=    12'd0 ;
        else    if((cnt_v == V_TOTAL - 1'd1) && (cnt_h == H_TOTAL-1'd1))
            cnt_v    <=    12'd0 ;
        else    if(cnt_h == H_TOTAL - 1'd1)
            cnt_v    <=    cnt_v + 1'd1 ;
        else
            cnt_v    <=    cnt_v ;
//确定场同步输出信号
    assign   vsync = (cnt_v  <=  V_SYNC - 1'd1) ? 1'b1 : 1'b0  ;
//确定像素有效输出信号
    assign   rgb_valid = (((cnt_h >= H_SYNC + H_BACK + H_LEFT)
                        && (cnt_h < H_SYNC + H_BACK + H_LEFT + H_VALID))
                        &&((cnt_v >= V_SYNC + V_BACK + V_TOP)
                        && (cnt_v < V_SYNC + V_BACK + V_TOP + V_VALID)))
                        ? 1'b1 : 1'b0;
//确定图像信息请求信号
    assign   pix_data_req = (((cnt_h >= H_SYNC + H_BACK + H_LEFT - 1'b1)
                        && (cnt_h < H_SYNC + H_BACK + H_LEFT + H_VALID - 1'b1))
                        &&((cnt_v >= V_SYNC + V_BACK + V_TOP)
                        && (cnt_v < V_SYNC + V_BACK + V_TOP + V_VALID)))
                        ? 1'b1 : 1'b0;
//确定 X 轴坐标信号
    assign   pix_x = (pix_data_req == 1'b1)
                        ? (cnt_h - (H_SYNC + H_BACK + H_LEFT - 1'b1)) : 12'hfff;
//确定 Y 轴坐标信号
    assign   pix_y = (pix_data_req == 1'b1)
                        ? (cnt_v - (V_SYNC + V_BACK + V_TOP)) : 12'hfff;
//确定像素信息信号
    assign   rgb = (rgb_valid == 1'b1) ? pix_data : 16'b0 ;
    endmodule
```

4. vga_pic 图像数据生成模块源程序代码

```verilog
`timescale 1ns/1ns
module vga_pic
(
    input    vga_clk    ,    //vga_clk 为时钟输入信号，常为 25MHz
    input    sys_rst_n  ,    //sys_rst_n 为复位输入信号
```

```verilog
    input       [11:0] pix_x,              //pix_x[11:0]为X轴坐标输入信号
    input       [11:0] pix_y ,             //pix_y[11:0]为Y轴坐标输入信号
    output  reg [15:0] pix_data            //pix_data[15:0]为像素输出信息
);
//定义若干常量
    parameter   H_VALID  =  12'd640 ,      //行有效数据
                V_VALID  =  12'd480 ;      //场有效数据
    parameter   RED      =  16'hF800,      //红色
                ORANGE   =  16'hFC00,      //橙色
                YELLOW   =  16'hFFE0,      //黄色
                GREEN    =  16'h07E0,      //绿色
                CYAN     =  16'h07FF,      //青色
                BLUE     =  16'h001F,      //蓝色
                PURPPLE  =  16'hF81F,      //紫色
                BLACK    =  16'h0000,      //黑色
                WHITE    =  16'hFFFF,      //白色
                GRAY     =  16'hD69A;      //灰色
//输出像素色彩信息，根据当前像素坐标指定当前像素颜色数据
always@(posedge vga_clk or negedge sys_rst_n)
    if(sys_rst_n == 1'b0)
        pix_data    <=  16'd0;
    else    if((pix_x >= 0) && (pix_x < (H_VALID/10)*1))
        pix_data    <=  RED;
    else    if((pix_x >= (H_VALID/10)*1) && (pix_x < (H_VALID/10)*2))
        pix_data    <=  ORANGE;
    else    if((pix_x >= (H_VALID/10)*2) && (pix_x < (H_VALID/10)*3))
        pix_data    <=  YELLOW;
    else    if((pix_x >= (H_VALID/10)*3) && (pix_x < (H_VALID/10)*4))
        pix_data    <=  GREEN;
    else    if((pix_x >= (H_VALID/10)*4) && (pix_x < (H_VALID/10)*5))
        pix_data    <=  CYAN;
    else    if((pix_x >= (H_VALID/10)*5) && (pix_x < (H_VALID/10)*6))
        pix_data    <=  BLUE;
    else    if((pix_x >= (H_VALID/10)*6) && (pix_x < (H_VALID/10)*7))
        pix_data    <=  PURPPLE;
    else    if((pix_x >= (H_VALID/10)*7) && (pix_x < (H_VALID/10)*8))
        pix_data    <=  BLACK;
    else    if((pix_x >= (H_VALID/10)*8) && (pix_x < (H_VALID/10)*9))
        pix_data    <=  WHITE;
    else    if((pix_x >= (H_VALID/10)*9) && (pix_x < H_VALID))
        pix_data    <=  GRAY;
    else
```

                    pix_data   <=   BLACK;
            endmodule

5. hdmi_ctrl HDMI 驱动控制模块源程序代码

```verilog
`timescale  1ns/1ns
module  hdmi_ctrl
(
    input    clk_1x ,              //clk_1x 为时钟输入信号
    input    clk_5x ,              //clk_5x 为 5 倍时钟输入信号
    input    sys_rst_n ,           //复位信号，低电平有效
    input    [7:0] rgb_blue ,      //rgb_blue[7:0]为蓝色分量输入信号
    input    [7:0] rgb_green ,     //rgb_ green [7:0]为绿色分量输入信号
    input    [7:0] rgb_red ,       //rgb_red[7:0]为红色分量输入信号
    input    hsync ,               //hsync 为行同步输入信号
    input    vsync ,               //vsync 为场同步输入信号
    input    de ,                  //de 为使能输入信号
    output   hdmi_clk_p,           //hdmi_clk_p 为时钟差分正输出信号
    output   hdmi_clk_n,           //hdmi_clk_n 为时钟差分负输出信号
    output   hdmi_r_p ,            //hdmi_r_p 为红色分量差分正输出信号
    output   hdmi_r_n ,            //hdmi_r_n 为红色分量差分负输出信号
    output   hdmi_g_p ,            //hdmi_g_p 为绿色分量差分正输出信号
    output   hdmi_g_n ,            //hdmi_g_n 为绿色分量差分负输出信号
    output   hdmi_b_p ,            //hdmi_b_p 为蓝色分量差分正输出信号
    output   hdmi_b_n              //hdmi_b_n 为蓝色分量差分负输出信号
);
//定义若干变量
wire    [9:0]    red      ;       //8b 转 10b 后的红色分量
wire    [9:0]    green    ;       //8b 转 10b 后的绿色分量
wire    [9:0]    blue     ;       //8b 转 10b 后的蓝色分量
encode  u6
(
    .sys_clk    (clk_1x      ),
    .sys_rst_n  (sys_rst_n   ),
    .data_in    (rgb_blue    ),
    .c0         (hsync       ),
    .c1         (vsync       ),
    .de         (de          ),
    .data_out   (blue        )
);
//调用实例化程序 encode
encode  u7
(
```

```
        .sys_clk     (clk_1x      ),
        .sys_rst_n   (sys_rst_n   ),
        .data_in     (rgb_green   ),
        .c0          (hsync       ),
        .c1          (vsync       ),
        .de          (de          ),
        .data_out    (green       )
);
//调用实例化程序 encode
encode   u8
(
        .sys_clk     (clk_1x      ),
        .sys_rst_n   (sys_rst_n   ),
        .data_in     (rgb_red     ),
        .c0          (hsync       ),
        .c1          (vsync       ),
        .de          (de          ),
        .data_out    (red         )
);
//调用实例化程序 par_to_ser
par_to_ser   u9
(
        .clk_5x      (clk_5x      ),
        .par_data    (blue        ),

        .ser_data_p  (hdmi_b_p    ),
        .ser_data_n  (hdmi_b_n    )
);
//调用实例化程序 par_to_ser
par_to_ser   u10
(
        .clk_5x      (clk_5x      ),
        .par_data    (green       ),

        .ser_data_p  (hdmi_g_p    ),
        .ser_data_n  (hdmi_g_n    )
);
//调用实例化程序 par_to_ser
par_to_ser   u11
(
        .clk_5x      (clk_5x      ),
        .par_data    (red         ),
```

```verilog
        .ser_data_p   (hdmi_r_p   ),
        .ser_data_n   (hdmi_r_n   )
);
//调用实例化程序 par_to_ser
par_to_ser   u12
(
        .clk_5x      (clk_5x       ),
        .par_data    (10'b1111100000),

        .ser_data_p   (hdmi_clk_p  ),
        .ser_data_n   (hdmi_clk_n  )
);
endmodule
```

6. encode 译码模块源程序代码

```verilog
`timescale  1ns/1ns
module   encode
(
    input   sys_clk ,            //sys_clk 为时钟输入信号
    input   sys_rst_n ,          //sys_rst_n 为复位输入信号
    input   [7:0] data_in ,      //data_in[7:0]为数据输入信号
    input   c0 ,                 //c0 为控制输出信号
    input   c1 ,                 //c1 为控制输出信号
    input   de ,                 //de 为使能输出信号
    output  reg  [9:0] data_out  //data_out[9:0]为数据输出信号
);
//定义若干常量
parameter    DATA_OUT0  =  10'b1101010100,
             DATA_OUT1  =  10'b0010101011,
             DATA_OUT2  =  10'b0101010100,
             DATA_OUT3  =  10'b1010101011;
//定义若干变量
wire            condition_1 ;
wire            condition_2 ;
wire            condition_3 ;
wire    [8:0]   q_m ;
reg     [3:0]   data_in_n1 ;
reg     [7:0]   data_in_reg ;
reg     [3:0]   q_m_n1;
reg     [3:0]   q_m_n0 ;
reg     [4:0]   cnt ;
```

```verilog
    reg         de_reg1  ;
    reg         de_reg2  ;
    reg         c0_reg1  ;
    reg         c0_reg2  ;
    reg         c1_reg1;
    reg         c1_reg2  ;
    reg         [8:0] q_m_reg ;

//确定 data_in_n1
always@(posedge sys_clk or negedge sys_rst_n)
    if(sys_rst_n == 1'b0)
        data_in_n1  <=  4'd0;
    else
        data_in_n1  <=  data_in[0] + data_in[1] + data_in[2]
                        + data_in[3] + data_in[4] + data_in[5]
                        + data_in[6] + data_in[7];
//确定 data_in_reg
always@(posedge sys_clk or negedge sys_rst_n)
    if(sys_rst_n == 1'b0)
        data_in_reg <=  8'b0;
    else
        data_in_reg <=  data_in;
assign  condition_1 = ((data_in_n1 > 4'd4) || ((data_in_n1 == 4'd4)
                        && (data_in_reg[0] == 1'b0)));
//确定 q_m[8:0]
assign q_m[0] = data_in_reg[0];
assign q_m[1] = (condition_1) ? (q_m[0] ^~ data_in_reg[1]) : (q_m[0] ^ data_in_reg[1]);
assign q_m[2] = (condition_1) ? (q_m[1] ^~ data_in_reg[2]) : (q_m[1] ^ data_in_reg[2]);
assign q_m[3] = (condition_1) ? (q_m[2] ^~ data_in_reg[3]) : (q_m[2] ^ data_in_reg[3]);
assign q_m[4] = (condition_1) ? (q_m[3] ^~ data_in_reg[4]) : (q_m[3] ^ data_in_reg[4]);
assign q_m[5] = (condition_1) ? (q_m[4] ^~ data_in_reg[5]) : (q_m[4] ^ data_in_reg[5]);
assign q_m[6] = (condition_1) ? (q_m[5] ^~ data_in_reg[6]) : (q_m[5] ^ data_in_reg[6]);
assign q_m[7] = (condition_1) ? (q_m[6] ^~ data_in_reg[7]) : (q_m[6] ^ data_in_reg[7]);
assign q_m[8] = (condition_1) ? 1'b0 : 1'b1;
//确定 q_m_n1;   确定 q_m_n0
always@(posedge sys_clk or negedge sys_rst_n)
    if(sys_rst_n == 1'b0)
        begin
            q_m_n1  <=  4'd0;
            q_m_n0  <=  4'd0;
        end
    else
```

```verilog
            begin
                q_m_n1 <= q_m[0] + q_m[1] + q_m[2] + q_m[3] + q_m[4] + q_m[5] + q_m[6] + q_m[7];
                q_m_n0 <= 4'd8 - (q_m[0] + q_m[1] + q_m[2] + q_m[3] + q_m[4] + q_m[5] + q_m[6] + q_m[7]);
            end

assign    condition_2 = ((cnt == 5'd0) || (q_m_n1 == q_m_n0));
assign    condition_3 = (((~cnt[4] == 1'b1) && (q_m_n1 > q_m_n0))
                        || ((cnt[4] == 1'b1) && (q_m_n0 > q_m_n1)));

//确定 de_reg1、de_reg2、c0_reg1、c0_reg2、c1_reg1、c1_reg2、q_m_reg
always@(posedge sys_clk or negedge sys_rst_n)
    if(sys_rst_n == 1'b0)
        begin
            de_reg1    <=    1'b0;
            de_reg2    <=    1'b0;
            c0_reg1    <=    1'b0;
            c0_reg2    <=    1'b0;
            c1_reg1    <=    1'b0;
            c1_reg2    <=    1'b0;
            q_m_reg    <=    9'b0;
        end
    else
        begin
            de_reg1    <=    de;
            de_reg2    <=    de_reg1;
            c0_reg1    <=    c0;
            c0_reg2    <=    c0_reg1;
            c1_reg1    <=    c1;
            c1_reg2    <=    c1_reg1;
            q_m_reg    <=    q_m;
        end
//确定 data_out[0:9]、cnt
always@(posedge sys_clk or negedge sys_rst_n)
    if(sys_rst_n == 1'b0)
        begin
            data_out    <=    10'b0;
            cnt         <=    5'b0;
        end
    else
        begin
            if(de_reg2 == 1'b1)
                begin
```

```verilog
                    if(condition_2 == 1'b1)
                        begin
                            data_out[9]     <=  ~q_m_reg[8];
                            data_out[8]     <=  q_m_reg[8];
                            data_out[7:0]   <=  (q_m_reg[8]) ? q_m_reg[7:0] : ~q_m_reg[7:0];
                            cnt <=  (~q_m_reg[8]) ? (cnt + q_m_n0 - q_m_n1) : (cnt + q_m_n1 - q_m_n0);
                        end
                    else
                        begin
                            if(condition_3 == 1'b1)
                                begin
                                    data_out[9]     <= 1'b1;
                                    data_out[8]     <= q_m_reg[8];
                                    data_out[7:0]   <= ~q_m_reg[7:0];
                                    cnt <=  cnt + {q_m_reg[8], 1'b0} + (q_m_n0 - q_m_n1);
                                end
                            else
                                begin
                                    data_out[9]     <= 1'b0;
                                    data_out[8]     <= q_m_reg[8];
                                    data_out[7:0]   <= q_m_reg[7:0];
                                    cnt <=  cnt - {~q_m_reg[8], 1'b0} + (q_m_n1 - q_m_n0);
                                end
                        end
                end
        else
            begin
                case    ({c1_reg2, c0_reg2})
                    2'b00:  data_out    <= DATA_OUT0;
                    2'b01:  data_out    <= DATA_OUT1;
                    2'b10:  data_out    <= DATA_OUT2;
                    default:data_out    <= DATA_OUT3;
                endcase
                cnt <=  5'b0;
            end
    end
endmodule
```

7. par_to_ser 并转串模块源程序代码

```verilog
`timescale 1ns/1ns
module par_to_ser
(
```

```verilog
    input   clk_5x  ,           //clk_5x 为 5 倍时钟输入信号
    input   [9:0] par_data ,    //par_data [9:0]为并行数据输入信号
    output  ser_data_p ,        //ser_data_p 为串行数据正输出信号
    output  ser_data_n          //ser_data_n 为串行数据负输出信号
);
//定义若干变量
wire    data;
wire    [4:0]   data_rise = {par_data[8],par_data[6],
                             par_data[4],par_data[2],par_data[0]};
wire    [4:0]   data_fall = {par_data[9],par_data[7],
                             par_data[5],par_data[3],par_data[1]};
reg     [4:0]   data_rise_s = 0;
reg     [4:0]   data_fall_s = 0;
reg     [2:0]   cnt = 0;
always @ (posedge clk_5x)
    begin
        cnt <= (cnt[2]) ? 3'd0 : cnt + 3'd1;
        data_rise_s   <= cnt[2] ? data_rise : data_rise_s[4:1];
        data_fall_s   <= cnt[2] ? data_fall : data_fall_s[4:1];
    end
//ODDR2 将数据从一个时钟域传输到另一个时钟域
ODDR2 #(
    .DDR_ALIGNMENT("NONE"),
    .INIT           (1'b0   ),
    .SRTYPE         ("SYNC")
) ODDR2_inst0 (
    .Q (data           ),
    .C0(~clk_5x        ),
    .C1(clk_5x         ),
    .CE(1'b1           ),
    .D0(data_rise_s[0]),
    .D1(data_fall_s[0]),
    .R (1'b0           ),
    .S (1'b0           )
);
OBUFDS #(
    .IOSTANDARD("TMDS_33")
) OBUFDS_inst (
    .O (ser_data_p),
    .OB(ser_data_n),
    .I (data      )
);
```

Endmodule

【项目评价】

项目名称：HDMI 显示设计实现　　项目承接人姓名：　　日期：

项目要求	得分标准	得分情况
项目分析（10分） 项目分析合理，项目准备单填写准确	项目准备单填写合理性评价（每合理 1 条得 1 分，满分 10 分）	
关键要求一（15分） 能用自己的语言描述 HDMI 显示原理	1.对 HDMI 显示原理有自己的理解（7分） 2.能准确描述 HDMI 显示作用和价值（8分）	
关键要求二（20分） 能设计 HDMI 显示彩条图片的顶层模块源程序	HDMI 显示彩条图片的顶层模块源程序设计正确（20分）	
关键要求三（30分） 能设计 HDMI 显示彩条图片的底层模块源程序	HDMI 显示彩条图片的底层模块源程序设计正确（30分）	
项目汇报（10分） 汇报内容清晰、重点突出、时间把握合理、衣着整洁、仪态自然大方	1. 汇报内容不清晰（每处扣1分） 2. 重点不突出（根据情况酌情扣分，最多扣3分） 3. 衣着不整洁（根据情况酌情扣分，最多扣3分） 4. 仪态不自然大方（根据情况酌情扣分，最多扣3分）	
职业道德和职业核心能力（10分） 了解国家行业发展，能有效分析信息，并对专业文化有认同感	1. 没有体现国家行业发展（扣3分） 2. 信息搜集不完善，缺乏有效分析（扣1～5分）	
创新创意（5分）	项目完成过程中，能结合国家对行业发展新要求，应用新技术、新方法、新理论等，创新解决问题（每点附加1分，最高附加5分）	

习题

1. 编写使用 inout 定义双向口的测试代码。

```
module inout_1(
    input clk,
    input rst_n,
    input read,
    input data,
    inout a,
    output reg b
    );
assign a = read == 1 ? 1'bz : data;
always@( posedge clk ) begin
    if( !rst_n )
    b <= 0;
    else
    begin
```

```
            if(read)
              b <= a;
        end
      end
          endmodule
```

2. 以下程序执行完毕后的结束时间是多少？

```
initial
begin
x=1'b0;
#10 x=1'b1;
   fork
   #20   y=x;
   #15   a=x;
   join
repeat(6)
   #15 a=!a;
end
```

3. 下面程序中，d 的最终值是什么？

```
initial
begin
b=1'b1;c=1'b0;
#10 b=1'b0;
end
initial
begin
d=#25 (b|c);
end
```

附录 Verilog 运算符优先级列表

表 A　Verilog 运算符优先级（从高到低）列表

优先级	符号	含义	优先级	符号	含义
1	**	指数运算	7	&	按位与
2	*	乘法	8	^	按位异或
2	/	除法	8	^	按位异或
2	%	取模	8	^	按位异或
3	+	加法	9	|	按位或
3	-	减法	9	|	按位或
4	<<	左移	10	&&	逻辑与
4	>>	右移	10	&&	逻辑与
4	<<<	逻辑左移	10	&&	逻辑与
4	>>>	逻辑右移	10	&&	逻辑与
5	>	大于	11	||	逻辑或
5	>=	大于或等于	11	||	逻辑或
5	<	小于	11	||	逻辑或
5	<=	小于或等于	11	||	逻辑或
6	==	等于	12	?:	条件运算符
6	!=	不等于	12	?:	条件运算符

参 考 文 献

[1] 张定祥. 基于 Verilog HDL 的 FPGA 项目开发教程[M]. 北京：电子工业出版社，2022.
[2] 聂章龙，周凌翱. Verilog HDL 与 CPLD/FPGA 项目开发教程[M]. 3 版. 北京：机械工业出版社，2022.
[3] 杨奥，向星岩，王刚，等. 基于 FPGA 的高精度频率测量系统设计及应用[J]. 计算机测量与控制，2024，32(9): 133-141.